总顾问　戴琼海

总主编　陈俊龙

口袋里的 人工智能

AIGC 妙笔生花

张　通　陈俊龙 ◎ 主编

SPM
南方传媒

广东科技出版社
全国优秀出版社

· 广 州 ·

图书在版编目（CIP）数据

AIGC：妙笔生花 / 张通，陈俊龙主编. —广州：广东科技出版社，2023.11
（口袋里的人工智能）
ISBN 978-7-5359-8127-1

Ⅰ. ①A… Ⅱ. ①张… ②陈… Ⅲ. ①人工智能—普及读物 Ⅳ. ①TP18-49

中国国家版本馆CIP数据核字（2023）第151744号

AIGC 妙笔生花
AIGC Miaobishenghua

出　版　人：严奉强
选题策划：严奉强　谢志远　刘　耕
项目统筹：刘晋君
责任编辑：刘晋君　刘　耕　彭逸伦
封面设计：飞鸟鱼设计 FLYING BIRD & FISH DESIGN
插　　图：徐晓琪
责任校对：李云柯　曾乐慧
责任印制：彭海波
出版发行：广东科技出版社
　　　　　（广州市环市东路水荫路11号　邮政编码：510075）
销售热线：020-37607413
https://www.gdstp.com.cn
E-mail：gdkjbw@nfcb.com.cn
经　　销：广东新华发行集团股份有限公司
排　　版：创溢文化
印　　刷：广州市岭美文化科技有限公司
　　　　　（广州市荔湾区花地大道南海南工商贸易区A幢　邮编：510385）
规　　格：889 mm×1 194 mm　1/32　印张4.875　字数117千
版　　次：2023年11月第1版
　　　　　2023年11月第1次印刷
定　　价：36.80元

如发现因印装质量问题影响阅读，请与广东科技出版社印制室
联系调换（电话：020-37607272）。

本丛书承

广州市科学技术局
广州市科技进步基金会

联合资助

序　言

　　技术日新月异，人类生活方式正在快速转变，这一切给人类历史带来了一系列不可思议的奇点。我们曾经熟悉的一切，都开始变得陌生。

——［美］约翰·冯·诺依曼

　　"科技辉煌，若出其中。智能灿烂，若出其里。"无论是与世界顶尖围棋高手对弈的AlphaGo，还是发展得如火如荼的无人驾驶汽车，甚至是融入日常生活的智能家居，这些都标志着智能化时代的到来。在大数据、云计算、边缘计算及移动互联网等技术的加持下，人工智能技术凭借其广泛的应用场景，不断改变着人们的工作和生活方式。人工智能不仅是引领未来发展的战略性技术，更是推动新一轮科技发展和产业变革的动力。

　　人工智能具有溢出带动性很强的"头雁效应"，赋能百业发展，在世界科技领域具有重要的战略性地位。《中华人民共和国国民经济和社会发展第十四个五年规划和2035年远景目标纲要》提出，要推动人工智能同各产业深度融合。得益于在移动互联网、大数据、云计算等领域的技术积累，我国人工智能领域的发展已经走过技术理论积累和工具平台构建的发力储备期，目前已然进入产业赋能阶段，在机器视觉及自然语言处理领域达到世界先进水平，在智能驾驶及生物化学交叉领域产生了良好的效益。为落实《新一代人工智能发展规划》，2022年7月，科技部等六部门联合印发了《关于加快场景创新以人工智能高水平应用促进经济高质量发展的指导意见》，提出围绕高端高效智能经济培育、安全便捷智能社会建设、高水平科研活动、国家重大活动和重大工程打造重大场景，场景创新将进一步推动人工智能赋能百业的提质增效，也将给人民生活带来更为深入、便捷的场景变换体验。面对人工智能的快速发展，做好人工智能的科普工作是每一位人工智能从业者的责任。契合国家对新时代科普工作的新要求，大力构建社会化科普发展格局，为大众普及人工智能知识势在必行。

在此背景之下，广东科技出版社牵头组织了"口袋里的人工智能"系列丛书的编撰出版工作，邀请华南理工大学计算机科学与工程学院院长、欧洲科学院院士、欧洲科学与艺术院院士陈俊龙教授担任总主编，以打造"让更多人认识人工智能的科普丛书"为目标，聚焦人工智能场景应用的诸多领域，不仅涵盖了机器视觉、自然语言处理、计算机博弈等内容，还关注了当下与人工智能结合紧密的智能驾驶、化学与生物、智慧城轨、医疗健康等领域的热点内容。丛书包含《千方百智》《智能驾驶》《机器视觉》《AI化学与生物》《自然语言处理》《AI与医疗健康》《智慧城轨》《计算机博弈》《AIGC 妙笔生花》9个分册，从科普的角度，通俗、简洁、全面地介绍人工智能的关键内容，准确把握行业痛点及发展趋势，分析行业融合人工智能的优势与挑战，不仅为大众了解人工智能知识提供便捷，也为相关行业的从业人员提供参考。同时，丛书可以提升当代青少年对科技的兴趣，引领更多青少年将来投身科研领域，从而勇敢面对充满未知与挑战的未来，拥抱变革、大胆创新，这些都体现了编写团队和广东科技出版社的社会责任、使命和担当。

这套丛书不仅展现了人工智能对社会发展和人民生活的正面作用，也对人工智能带来的伦理问题做出了探讨。技术的发展进步终究要以人为本，不应缺少面向人工智能社会应用的伦理考量，要设置必需的"安全阀"，以确保技术和应用的健康发展，智能社会的和谐幸福。

科技千帆过，智能万木春。人工智能的大幕已经徐徐展开，新的科技时代已经来临。正如前文约翰·冯·诺依曼的那句话，未来将不断地变化，让我们一起努力创造新的未来，一起期待新的明天。

（中国工程院院士）

2023年3月

目　录

第一章　AIGC的进化之旅　001

一、深度学习初露锋芒　002

（一）模仿人脑的设计　003

（二）AlphaGo闯入了人类世界　006

（三）AI润物细无声　008

二、生成式人工智能的秣马厉兵　010

（一）生成式赋予了创造力　011

（二）算力与算法的赛跑　012

（三）最后一块拼图：大数据　014

三、划时代智能涌现　016

（一）ChatGPT引发新一轮人工智能狂潮　016

（二）冲击人类引以为傲的艺术创作　017

（三）知己知彼，善用"利器"　020

第二章　给人工智能"上课"　023

一、模仿人类理解信息　024

（一）用什么观察　024

（二）用什么阅读　027

（三）知识来源于学习　030

二、手把手教学　031

（一）"老师"监督下的学习　031

（二）记住答案还是记住方法　033

（三）奖励与惩罚　036

三、让AI学会自主学习　038

（一）"无监督"的图书馆书籍分类　038

（二）"自监督"的拼图游戏　040

（三）"教育家们"的探索　041

第三章　栩栩如生的AIGC作品　045

一、图像是怎样由AI"炼"成的？　046

（一）计算机眼中的图像及其生成　046

（二）变分自编码器：随机变量的魔法　048

（三）生成对抗网络：真假之争　052

（四）扩散模型：噪声中的艺术　055

二、文生图：视觉生成技术的新纪元　058

（一）DALL-E 2：大规模文生图的第一枪　058

（二）Imagen & eDiff-I：巨头们的入场　061

（三）Midjourney：迈向商业化　063

（四）Stable Diffusion：人人可用的视觉生成　064

三、视觉生成：图像以外，另有洞天　066

　　（一）让静态的图像动起来　066

　　（二）构建三维的立体世界　068

第四章　声音和文字的AIGC之旅　073

一、开启"音文"交互新时代　074

　　（一）丰富的语言世界　074

　　（二）"音文"创作背后的技术　076

　　（三）回顾GPT的家族史　080

二、"ChatGPT"模式诞生　084

　　（一）回顾过去，聊天机器人的兴起　084

　　（二）知书达理，ChatGPT读懂你的需求　087

　　（三）对答如流，ChatGPT解决你的问题　090

三、AIGC唱响未来　094

　　（一）"生"声不息　095

　　（二）AIGC早已能"说"会"唱"　098

第五章　AIGC的潜在应用　103

一、博闻强识的工作助手　104

　　（一）装进办公应用的工作伙伴　104

　　（二）信息搜集：从检索到生成　106

二、以人为本的AIGC 108

（一）构建数字人 108

（二）像人一样自主行动的AutoGPT 111

三、影视传媒的未来方向 114

（一）内容创作：AI与人类的双剑合璧 114

（二）更智能的创作工具 116

第六章 AIGC路在何方 119

一、技术的趋势 120

（一）多模态：向人类看齐的模式 120

（二）算力未来 123

二、给AIGC"戴"上紧箍咒 127

（一）隐私安全，不容忽视 127

（二）AIGC的产物，你的还是我的？ 128

（三）数据安全为AIGC保驾护航 130

三、挑战与机遇并存 132

（一）探索AIGC黑盒：可解释性 132

（二）AI伦理：道德与法律 134

（三）AIGC+，创意无限 136

参考文献 140

第一章

AIGC的进化之旅

一、深度学习初露锋芒

2006年，一篇来自多伦多大学的关于"深度学习"（deep learning）的文章走进了人们的视野，随后便拉开了人工智能（artificial intelligence，AI）研究热潮的序幕。这篇文章的作者正是有"AI教父"之称的杰弗里·辛顿（Geoffrey Hinton）（图1-1），在这篇文章中，他用确切的实验结果向人工智能研究人员展示了深度学习的潜力与实现的途径，这对于当时还处于黑夜中的人工智能领域来说，宛如破晓的黎明。

图1-1　"AI教父"Hinton

早在1980年，Hinton教授首次提出最具代表性的深度学习模型——多层感知器模型[1]，而如何让这个深度学习模型进行"学习"，研究人员采用了当时被认为最适合训练神经网络的反向传播算法。我们可以将这种方法理解为"如何考满分"：为了考到满分，我们一次又一次地从扣分的区域发现扣分的原因，再回过头来修改答题思路，最终解决"扣分"的根本问题，形成能够达到满分的考试思路。

然而，这一具有"深度"的多层感知器模型并没有如人们设想的那样拥有更强大的智能，反而暴露出当时训练神经网络的反向传播算法存在诸多问题。部分研究人员将这些问题归结于"深度"的神经网络本身结构设计的问题，并转入到更依赖人工总结知识以及简单的数据信息挖掘等机器学习算法的研究热潮当中。

这种模拟人脑深度神经元连接的模型似乎需要一种更为合理的设计与更加有效的权重学习方法，来向世人证明它对人脑的模仿是构造人工智能不可缺少的一环。而站在我们所处的时代，已经很难想象GhatGPT[2]、Stable Diffusion[3]与DALL-E 2[4]这些先进的人工智能产品底层的神经网络是怎样一步步演变到今日如此庞大的结构。为了更好地对AIGC（artificial intelligence generated content，人工智能生成内容）这个浪潮有更加客观的认识，我们不得不追溯神经网络的起源及其发展历史。

（一）模仿人脑的设计

20世纪40年代，美国神经生理学家沃伦·麦卡洛克（Warren McCulloch）与数学家沃尔特·皮茨（Walter Pitts）首次模仿生物的神经元在机器语言上设计了神经元模型——M-P模型[5]（图1-2）。

图1-2　神经元模型（M-P模型），输入进行加权等计算得到神经元的输出结果

　　类比神经元，M-P模型有用于接受上一个神经元信号的输入端，其可利用各个输入端权重的设置对这些输入的信号进行处理，之后神经元会发出一个处理后的信号，并传递给下一个神经元。在20世纪50年代，罗森布拉特（Rosenblatt）等人在这种神经元模型基础上进行了相应的改良设计，提出了一种可以通过训练得到固定神经元连接权重的感知器[6]，这也是人工神经网络（artificial neural network，ANN）的雏形。由于其理论基础不够完善，1969年，深耕于人工神经网络的马文·明斯基（Marvin Minsky）指出了感知器无法解决"线性不可分"这一致命的问题[7]，令感知器这一初代神经网络遭遇了第一次滑铁卢。

　　虽然感知器模型的相关研究在很长一段时期内都陷入低谷，但仍有锲而不舍的研究人员不愿意放弃这一课题。Hinton曾经说过这样一句话："如果你想了解非常复杂的设备，像大脑这样的，你必须自己做一个。"这句话使神经网络研究者们坚信模仿人类神经网络设计出来的模型是通往人工智能的必经之路（图1-3）。为了实现这一理想，无数科学家摸着石头过河，渐渐在布满迷雾的感知器神经网络研究森林里找到了一条若隐若现的小路。1974年，保罗·韦伯斯（Paul Werbos）发明反向传播算法[8]，并提出了将其运用于人工神经网络的可能性；1980年，

Hinton设计了多层感知器模型，这也是深度神经网络的雏形；1983年，物理学家霍普菲尔德（Hopfield J. J.）首次采用神经网络来求解旅行商问题，并在相关的算法比赛中打败了其他传统的方法，取得了最好的成绩。

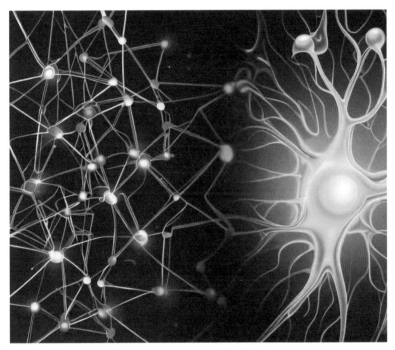

图1-3　深度神经网络与神经元

直至1986年，大卫·鲁梅尔哈特（David Rumelhart）与Hinton等多名研究人员经过反复实验推理，对反向传播算法训练神经网络做出完整的描述[9]，解决了明斯基指出的线性不可分问题，神经网络才重新回到人们的视线。至此，明斯基压在神经网络领域长达数十年的消极论断，如斑驳的铜锁，在这些神经网络先行者的猛烈撞击下轰然破碎。

此后便是长达数十年的神经网络技术积累。直到2006年Hinton等科学家发表了一篇有关深度学习的文章[10]，人工智能正式进入了深度神经网络时代。这篇文章推翻了学术界对深度神经网络的质疑，并形成了此后广为人知的定义——深度学习。这项工作在当时的数据挖掘与识别任务上达到了惊人的效果，受到了众多学者的追捧与推广，也由此开启了人工智能的全新篇章。

（二）AlphaGo闯入了人类世界

21世纪以来，深度学习概念虽然活跃于学术界，但却不为外人所知晓。一部分研究人员开始着手将这一前沿的理论研究拓展到人类生活中的具体应用上。从2009年开始，微软亚洲研究院与Hinton展开合作，于2011年推出了基于深度学习的语音识别系统，其精准的识别效果颠覆了当时传统的语言识别框架。随着深度学习技术的不断发展，在2012年，Hinton及其学生在法国计算机学家杨·立昆（Yann LeCun）于1989年提出的卷积神经网络（convolutional neural networks，CNN）[11]的基础上，利用深度学习的方式，搭建了深度卷积神经网络[12]，使神经网络实现了在没有人为经验的帮助下，自动地学习图像信息并识别其类别，极大地推进了图像识别的发展。这些工作引起了当时各大互联网公司的关注，谷歌（Google）、微软（Microsoft）、百度、腾讯以及阿里巴巴等著名企业纷纷入场，技术与产业的碰撞激荡出阵阵波澜。

然而，一些研究人员并不满足上述在语言和视觉领域的技术突破，他们大胆地将深度学习对准了人类引以为豪的博弈智慧结晶——围棋！围棋棋盘横竖各19线，落子之处多至361处，而黑白执棋者交替落子，整个棋局共有10的171次方数量的可能性，这是一个几乎无法穷尽的可能性！

于是在2014年，谷歌启动了AlphaGo计划。这个拥有当时最顶尖深度学习技术的AlphaGo一经面世便以横扫千军的姿态战胜了包括Crazy Stone与Zen在内的一众人工智能围棋程序。2015年，AlphaGo第一次击败了职业围棋选手樊麾，并很快在第二年以4∶1的结果击败了围棋职业九段顶级选手李世石，在人工智能界引起轰动（图1-4）。

图1-4　AlphaGo与职业九段棋手李在石的对弈

就当人们庆幸人工智能围棋程序与人类顶级棋手之间仍互有输赢的时候，一位名为"大师"（Master）的网络棋手在围棋对战网站上击败了中日韩一众高手，以全胜的结果成为真正的"大师"。这位"Master"正是新版AlphaGo的化身，它以人类难以

想象的学习速度提升自己的围棋水平，并在2017年5月的乌镇围棋峰会上正式战胜世界第一棋手柯洁。这是深度学习第一次在一个领域上完全战胜人类！人们开始意识到人工智能并非镜花水月，它实实在在地闯入了人类的世界。

（三）AI润物细无声

这种具有自我学习能力的深度学习技术在世界上掀起了一场深入的研究与投资狂潮。既然以深度学习为代表的人工智能技术能够胜任如此复杂的围棋对弈决策场景，那么基于这样的一套学习理论是否可以被广泛运用到各行各业需要做出决策的场景中呢？显然，2017年的AI事件井喷已经很好地回答了这个问题。

在无人驾驶领域，2017年7月，百度首次开源自动驾驶系统阿波罗（Apollo），使无人驾驶概念进入大众视野（图1–5）。无人驾驶的可行性引发热议，北京交通委在2017年底印发的中国第一份自动驾驶车管理规范《北京市关于加快推进自动驾驶车辆道路测试有关工作的指导意见（试行）》。在人脸识别领域，苹果公司在2017年9月推出了手机的人脸解锁功能，其基于深度神经网络的人脸识别高准确率令人惊讶，世界各手机制造企业纷纷对自家的手机进行人脸解锁功能部署。同年10月，机器人"索菲亚"被沙特阿拉伯政府授予了公民身份，而阿里巴巴集团投资千亿成立了"阿里巴巴达摩院"，专注于以人工智能为主的科学研究。

图1-5 自动驾驶系统概念图

人工智能自此闯进人类的生活，并在后续逐渐融入人们日常生活的各个方面。例如：我们乘坐高铁或出入重要场所由人工检验身份升级为人脸识别身份；我们家居清洁工具由扫帚、拖把转变为扫地机器人；我们使用的社交媒体软件会推送我们感兴趣的内容；我们使用的"天猫精灵"或者"小度"能够响应我们的语音指令；我们使用的摄影摄像设备可以精准地捕捉到人物的行动。此外还有许多经过人工智能技术升级的产品逐渐融入我们的生活中。

即使在这期间，有许多科学家指出人工智能技术的发展可能会给人类带来无法控制的灾难，但人工智能乘坐着历史的马车，以无法阻挡的力量推动社会走向智能化的道路。深度学习初露锋芒之后，AI几乎无处不在了！

二、生成式人工智能的秣马厉兵

深度学习领域主要分为两个"门派"：判别式与生成式（图1-6）。

图1-6 深度学习主要分为判别式与生成式两个"门派"

判别式如同人类的决策思路，从简单地判断"这只羊是山羊还是绵羊"到"对战柯洁时每一步应该怎么落子"，都属于判别式。生成式则更加开放，比如说一段话、唱一首歌、画一幅画等，这些都属于生成式要做的事情。可以看到，判别式一般代表着人类更为客观与理性的决策，而生成式则代表着人类更为主观与感性的创造，两者相辅相成，共同促进深度学习技术的发展。AlphaGo从诞生到2020年，人工智能狂潮经历了6年的发展逐渐趋于理性，其中有一部分因素是判别式人工智能成果占据了人工智能应用市场的较大比例，而生成式人工智能（AIGC）的效果并未达到人类期望的水平。

在人类眼中，人工智能仿佛就是一个完全理性、客观的裁判，只会给出标准的判断，而缺少人们对"智能"中感性部分的期望。部分专家认为，此时的人工智能不过是更准确一些的判断工具，并非真正的人工智能。

（一）生成式赋予了创造力

起初，生成式人工智能只是为了更好地理解数据从而还原数据的本身。而后，有人提出了一个想法："既然我们已经知道了这些数据是怎么生成出来的，那我们可不可以根据这样的生成思路去创造未曾出现过的数据呢？"比如我们知道如何画一只小熊猫，并且知道怎么画出粉红色的毛发，那么我们是不是就可以用AIGC画出一只粉红色的小熊猫呢（图1-7）？类似这样的想法有很多，而这也是AIGC带给我们实现具有创造力的人工智能的一种可能性思路。我们常说"读书破万卷，下笔如有神"，这既是生成式人工智能的内在机理，更是人类创造力的来源。

图1-7　由DALL-E 2生成的一只粉红色的小熊猫

这种思路是极具创造性的，也是极具挑战性的。早期的AIGC主要是围绕图像的生成做出了许多理论性的探索，其中包括传统的马尔科夫链生成模型、变分自编码器以及生成对抗网络（generative adversarial netuorks，GAN）。虽然其生成质量在不断提升，但效果仍达不到原始数据本身的质量，一些研究人员将其归咎于模型参数量太小。模型参数量太小以及神经网络模型搭建得不够大，就像人类因神经元的受损与缺失而引发智力衰退。同样，针对语言生成式的理论也遇到了这样的困境。因此，一些有能力采购与部署大量计算芯片的研究团队开始着手大规模模型的搭建与研究，其中包括微软、谷歌、脸书（FaceBook）、华为、阿里巴巴、百度等一众大型企业。

随着研究的进行，大量的实验结果表明扩大模型参数的思路确实令神经网络性能得到大幅提升，其中以2018年谷歌发布的BERT模型[13]以及OpenAI的GPT系列[14][15][16]最为突出。这种现象也让人意识到深度学习从理论到实践的转化离不开算力突破，而想要达到人类认知标准的创造力甚至突破人类极限的创造力，仅凭AlphaGo时期所拥有的计算能力是无法实现的。

（二）算力与算法的赛跑

所谓"工欲善其事，必先利其器"，深度学习所依赖的"利器"便是图形处理单位（graphics processing unit，GPU）芯片，即图形处理器。电脑通常需要使用这一芯片展现画面，其被广泛运用于个人电脑、工作站、游戏机等系统中执行与图像或图形处理相关的计算。由于GPU的计算方式十分适用于深度学习，目前几乎所有主流的深度学习算法模型都是在能够适配其计算量的GPU上运行的。因此，GPU的性能在某种程度上决定了基于深度学习的人工智能的计算能力。

自1999年英伟达（NVIDIA）推出第一款支持变换顶点和像素着色器的GPU——GeForce 256以来，大规模显卡并行计算成为可能。随后的20多年里，深度学习领域取得了一系列重要突破，服务于深度学习的显卡技术也紧随其后。英伟达等公司不断推出性能更强大的GPU和计算平台，如CUDA编程模型、Tesla K40以及Ampere架构的显卡等。与此同时，超威半导体公司（AMD）也推出了用于加快深度学习训练速度的ROCm架构。这些硬件上的推进都为深度学习任务提供了强大的计算能力支持。

同时，深度学习算法也在不断发展，包括深度信念网络、卷积神经网络和生成对抗网络等。这些算法在GPU的加速下，显著加快了训练速度、提高了性能，在计算机视觉和自然语言处理（natural language processing，NLP）等领域取得了突破性成果。预训练模型如BERT模型和GPT系列在NLP任务上表现突出，但同时需要极大的计算资源，GPU在这一过程中发挥了关键作用。

谷歌等公司也推出了专为深度学习任务设计的硬件，如深度学习处理器TPU。随着深度学习领域的发展，神经网络的参数计算对GPU性能的需求越来越高。为满足这一需求，英伟达推出了Grace CPU，此CPU为AI和高性能计算领域提供了卓越的性能支持。

GPU与算法的发展就如同一场赛跑：近年来谷歌与微软等人工智能公司朝着参数量更大、结构更复杂的方向去设计神经网

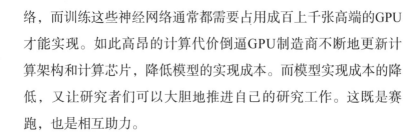

络，而训练这些神经网络通常都需要占用成百上千张高端的GPU才能实现。如此高昂的计算代价倒逼GPU制造商不断地更新计算架构和计算芯片，降低模型的实现成本。而模型实现成本的降低，又让研究者们可以大胆地推进自己的研究工作。这既是赛跑，也是相互助力。

（三）最后一块拼图：大数据

深度学习是一种极度依赖数据的人工智能技术，它通过学习和提炼数据中的知识，有针对性地解决人们给人工智能设定的任务。为了满足越来越复杂与庞大的深度学习算法以及神经网络结构，如何获取、筛选、整理与加工数据成为实现人工智能算法性能突破的"最后一块拼图"。

随着互联网的迅速发展，社交媒体已经渗透到人们的日常生活中。人们通过各种社交媒体平台分享自己的生活、工作和兴趣爱好，形成了海量的数据。社交媒体上的数据类型繁多，既包括用户生成的内容（如动态、评论、私信等），也包括平台生成的数据（如用户画像、行为轨迹、推荐系统等），其涵盖了文字、图片、音频、视频等形式，涉及人类行为和社会现象。而这些与日俱增的数据无疑是让人工智能认识这个世界的最直接与最宝贵的资源。为了"编辑"专供人工智能学习的大数据"教材"，谷歌、微软和百度等掌握着海量互联网数据的搜索引擎公司利用各自平台的优势，构建了包括检索数据、对话语料库、图像标签与描述信息等在内的高质量大规模数据集。脸书、字节跳动等代表新型社交媒体的公司则整理了用户生成内容、互动行为、用户喜

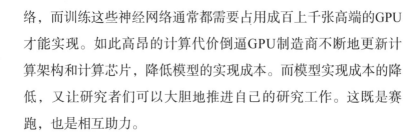
AIGC 妙笔生花

好和关系网络等信息，形成了涵盖文本、图片、音频、视频等多元化内容的数据宝库。此外，跨国企业和政府组织也在共享数据资源，推动多领域合作，为人工智能提供了更丰富的学习素材。

在这个过程中，这些组织和企业不断改进数据处理技术，如数据清洗、特征提取和数据标注等，确保数据质量满足人工智能学习的需求。同时，他们还通过强化学习和深度学习技术对数据进行预处理，以便更高效地应用于人工智能的训练和优化。这些大数据"教材"为人工智能提供了前所未有的学习资源，使它们在自然语言处理、计算机视觉、推荐系统等领域取得了突破性进展。

算法、算力和数据，作为人工智能的"三驾马车"正以一种相互促进的方式，载着人工智能奔向一个全新的格局（图1-8）。

图1-8　人工智能的"三驾马车"（算法、算力、数据）

三、划时代智能涌现

2022年11月，OpenAI公司推出了一款名为"ChatGPT"的人工智能聊天程序。起初人们还认为ChatGPT只是一款类似于AI小冰或Siri的对话软件。这些对网络数据进行简单筛选并给出模板式回答的软件已经很难获得用户的认可，其不自然的沟通方式、答非所问的结果、对复杂问题难以理解等局限性，都是AlphaGo问世以来人工智能热潮逐渐退去的原因之一。

然而，ChatGPT的用户们很快发现，这个聊天程序似乎真的能聊天了——不论用户输入的是口头表达、规范化表达或者以暗示的方式提问，它都能很好地理解用户的意图，并用流畅的语句回答问题。《纽约时报》称其为"有史以来向公众发布的最佳人工智能聊天机器人"。一时间，AIGC再次成为关注的焦点。

（一）ChatGPT引发新一轮人工智能狂潮

ChatGPT从2022年11月发布到2023年的1月，短短两个月里用户量已达到1亿，其规模之庞大、影响力之广令人咋舌。虽然用户在使用过程中发现ChatGPT依旧存在一些漏洞与错误，比如对除英语外的其他语言理解能力不够强、偶尔会为了回答问题而无中生有地捏造事实等，但瑕不掩瑜。随着用户对ChatGPT的深入体验，其逼真的回答仿佛是人为在程序后台提供一对一的服务。它模仿着人类创作文章、写诗作词、扮演角色、编写调试代码等，几乎人类能第一时间想到的针对人工智能的测试，它都能轻松应对。

这是人们第一次亲身体验到，人工智能已经变得如此强大！其用户群体覆盖了工程师、学生、教师、艺术家等，一时间在社会上引起了巨大的轰动。2017年，以AlphaGo为代表的人工智能应用还停留在简单的判别式人工智能，对此有些人甚至不愿意称之为"智能"，因为它只是一种机械式的反馈，缺少人类最重要的主观性和感性。人们普遍认为围棋博弈有客观的输赢判断，而人类日常对话、写作、绘画艺术中的主观性与感性是人工智能所无法学习到的知识。虽然ChatGPT等新兴的AIGC技术依然无法达到自主产生与人类相似的主观性和感性认知，但这些技术却可以在某种角度上被认为是它们理解了人类天马行空的想法，包括感性的意境及语言。将心中所想告诉AIGC，它便可以创作出符合用户想法的作品与产品时，这样的AI是否也算是接近人类了呢？

（二）冲击人类引以为傲的艺术创作

其实，在ChatGPT火爆全球之前，AIGC的一项爆款产品已经引发了艺术界的震动，那就是2022年发布的开源AI绘画项目"Stable Diffusion"。如果说AlphaGo的出现是对人类引以为傲的智力博弈的当头一棒，那"Stable Diffusion"系列的AI作画技术无疑使人类艺术创作者们惊出了一身冷汗。它是基于2020年一项名为去噪扩散概率模型（denoising diffusion probabilistic model，DDPM）[17]技术做出的改进版本。它的功能是通过输入相关的提示词与内容描述生成对应的图像，其画作精细、内容准确,甚至在推出的短短几天就有一些天马行空的作品诞生。输入"咒语"就能获得所想之画,这样的应用如同哈利·波特世界的魔法一般令人着迷!

回顾AI绘画的技术发展我们会发现,从2021年OpenAI推出DALL-E[18]项目开始,AI绘画模型就已经有很好的文图生成能力了。DALL-E能够很好地生成文字所描述事物的对应图像,即使是现实中不存在的事物,比如"一把牛油果形状的椅子"(图1-9)。这一惊艳的效果背后是庞大的模型参数量与大量数据的支撑,OpenAI推出的DALL-E项目由于技术保密性与难以复现的问题,并没有受到市场与行业外的过多关注,但却开启了文本生成视觉这一AIGC的大门。同年11月,北京大学与微软亚洲研究院合作推出了名为"女娲"的模型[19],更是在国内引发了AIGC的研究热度。

图1-9 由DALL-E生成的"一把牛油果形状的椅子"

在一年的技术沉淀后，OpenAI在2022年推出了功能更加强大的DALL-E 2，但其仅仅在网上提供了使用的途径，并不提供具体技术模型。相比于第1代DALL-E，这一代展现了更加强大的提示词与文本描述的理解能力，对应生成的图像也更为准确与精细。基于与OpenAI类似的保密需求，谷歌在2022年5月以论文的形式公布了他们的文—图生成模型Image，这一基于庞大算力与数据的技术让一众研究者认为这一领域可能会被这些人工智能巨头公司所垄断。然而，2022年8月，"Stable Diffusion"项目的发布撕开了这道封锁，该技术不仅拥有当时主流的图像生成技术的性能，还将所有技术内容与最后训练完成的模型公开了出来。一时间，AI图像生成技术的应用门槛被大幅度降低，人们争先在这一基础之上进行技术开发和研究。

技术开源的魔力是巨大的，任何人只要有一张高端的商用显卡，就可以在自己的电脑上部署这一技术。这项技术很快就从几家AI巨头公司研发的规模扩大到全民AI绘画研究的规模，其进步的速度也日新月异。2023年开春，一项基于Stable Diffusion的技术ControlNet问世。它提高了文—图生成的灵活性与可编辑性，真正地让操控这项技术的人实现了随意作画的想法。这一技术的出现彻底引发了广大美工绘画工作者的不满与抗议，部分消极的绘画从业者认为这项技术几乎可以取代他们的工作。

这种由文字生成图像的范式很快被拓展到其他领域，包括文字生成视频、文字生成3D建模、文字生成音乐等。自2023年3月以来发布的Gen2、虚幻引擎5的视频转建模技术、Paranormal Studio推出的视频编辑技术都在各自领域中实现了前所未有的突

破。AIGC仿佛是一座积压了多年的火山，在ChatGPT与Stable Diffusion的引燃下彻底爆发。

（三）知己知彼，善用"利器"

AIGC应用的涌现引起了社会的广泛讨论。其智能化程度的大幅度提升以及在一定程度上可替代人类部分工作带来的社会影响让人们感受到AIGC背后隐藏着不可控制的风险。

ChatGPT的开发团队认为AIGC是通用型人工智能的开始，一部分人认为其智能仍然是数据与任务驱动下的数据分析产物，并不代表着其与人类一样具有智慧，而有的人则认为人工智能已经超越了人类。在信息大爆炸的时代，我们想要拨开层层迷雾看清楚AIGC的定位及其发展趋势，就需要明白AIGC的技术原理与运行逻辑。

AIGC的本质是基于训练好的模型对输入数据进行预测和生成。用户提供输入内容，如一段文本、问题或图像，模型根据输入内容和内部学习到的知识生成相应的输出内容。这个过程可能涉及从给定的上下文中选择最佳的单词或短语，或者根据用户输入内容生成全新的句子或段落。在这样一个简单的运行逻辑之下，从输入端到输出端、从训练过程到推理过程、从高维数据到知识表征，都是AIGC不可缺少的研究环节。当下一部分人讨论了AIGC的局限性，比如：AIGC的能力取决于训练数据的质量和数量，如果训练数据存在偏见或错误，AI模型可能会生成具有偏见或不准确的输出内容。这种局限性是当前人工智能的技术原理与运行逻辑带来的不可避免的客观事实，类似的局限性还有很多。

总的来说，AIGC是一项拥有几十年研究基础的技术，要深入了解其工作原理需要有相应的机器学习知识积累，这对于广大非计算机学科专业的用户来说是一项困难的学习任务。在前面的篇幅中，我们大致科普了AIGC乃至当下大部分人工智能的基础——深度学习。接下来的章节中，本书将在深度学习的基础上，进一步揭示AI如何学习知识、AIGC如何产生视觉作品以及AIGC是怎么合成声音与对话文本的。只有客观地认识AIGC的内在原理，我们才能了解技术，善用其利。

第二章

给人工智能
"上课"

一、模仿人类理解信息

人工智能要理解信息首先要学会感知信息，人类感知信息的最直接的方式就是用眼睛看、用耳朵听，对应到人工智能的学习思路上就是如何"观察"事物以及如何"阅读"信息。相关的研究经历了多个阶段，包括符号主义、连接主义、统计学习再到现在的深度学习，其中涉及许多技术方法和模型。我们这里将针对深度学习中提升AI观察与阅读能力的核心技术进行简单的科普。

（一）用什么观察

AI观察世界需要一双"眼睛"，这双"眼睛"就是大名鼎鼎的卷积神经网络（CNN）。这是一种特殊类型的神经网络，最初是由神经科学家大卫·休伯尔（David H. Hubel）和托斯坦·维厄瑟尔（Torsten Wiesel）在20世纪60年代的研究中发现的。他们研究了大脑中视觉系统的运作方式，发现视网膜中的神经元对于不同的视觉特征（如边缘、线条等）会有不同的反应。这些神经元可以被认为是对特定视觉特征的"滤波器"。

在20世纪80年代，法国计算机科学家LeCun开始将这种思想应用于图像识别任务。他设计了一种称为"LeNet"[11]的CNN架构，并成功地将其用于手写数字的识别任务。然而，由于当时计算机性能的限制，CNN并没有在实际中得到广泛使用。

随着计算机硬件性能的提升，CNN在21世纪初开始得到广泛应用。在2012年，由亚历克斯·克里泽夫斯基（Alex Krizhevsky）等人开发的AlexNet[12]网络架构在大规模图像分类竞赛中取得了惊人的成绩，其将错误率降低了约10个百分点，从而奠定了CNN在图像识别任务中的地位。CNN在图像处理领域中的优异表现归功于其可以从数据中自动学习到特征，减少了手动特征工程的工作量。CNN处理图像的过程主要包括卷积、激活函数、池化、全连接等操作。

卷积操作是CNN的核心技术之一，也是实现视觉特征提取的重要一步。卷积操作相当于对输入数据进行滤波，提取出数据的特征。卷积操作使用滤波核对输入数据进行卷积，得到卷积特征图（图2-1）。

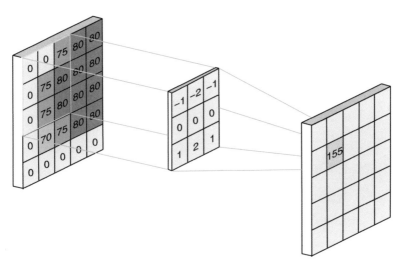

图2-1　输入的数据经过卷积滤波得到卷积特征图

在卷积过程中，卷积核会滑动并对每个位置进行卷积操作，生成对应位置的特征图。这些特征图作为前一层神经元所输出的信号，会传输到下一层神经元当中。当然，这些信号对于下一层神经元来说，理解起来过于复杂，因此我们通常会使用名为"激活函数"的工具，将这些特征信号转变为简单的信号。比如一种最简单的激活函数"ReLU"，它的作用是将特征信号中小于0的数值全部变为0，大于或等于0的数值保留原有数值，这样就可以保证输入到下一层神经元的特征信号永远是大于或等于0的。除此之外还有"Sigmoid""Tanh"和"Leaky ReLU"等许多类型的激活函数，这里不做具体的描述。

池化层主要用于降维和减小过拟合。常见的池化方式包括平均池化、最大池化等。在池化过程中，池化窗口在特征图上滑动，对于每个窗口，取窗口内的平均值或最大值作为池化后的值（图2-2）。

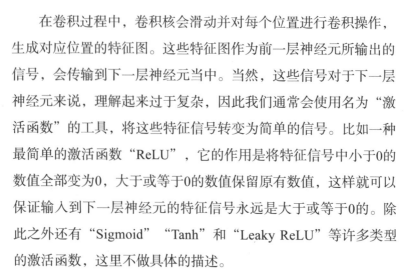

图2-2　平均池化与最大池化的计算示例

全连接层将卷积和池化层的特征图展开成一维向量，输入到神经网络中进行分类、回归等任务。

CNN逐层进行特征提取，先从低级特征开始，逐步提取更高级别的特征。第一层卷积层会提取一些基本的图像特征，例如边缘、角点等。随着层数的增加，CNN会提取出越来越复杂的特征，如纹理、形状等。之后，这些特征都会被传入到神经网络用于决策最后一层的神经元当中，对最终的图像识别结果做出判断。这就是人工智能对图像、影像最基础的"观察"，并将这些"观察"到的结果作为视觉信息。

（二）用什么阅读

人类文明的传承依赖语言和文字，AI想阅读人类的信息自然也绕不开对语言和文字的学习，这种对人类语言文字的学习被称为自然语言处理（NLP），其发展历史可以追溯到20世纪50年代。自然语言处理研究从最初的基础语法分析发展到了涵盖情感分析、机器翻译、问答系统等多领域的复杂语义理解与生成的综合性跨学科领域。如今，自然语言处理已成为人工智能领域中不可或缺的研究方向和应用领域。自然语言处理的技术流程其实与人类学习语言一样，都需要经过多个步骤：从单词、句子再到段落逐步理解语言，而人类则是它们的老师，要一步一步地教会它们。

回想我们学习古文和外语时，第一步是不是需要明白句子是由哪些词构成的呢？我们称这一步为"分词"，即将文本分割成单词或者词组。对于英文文本，我们可以使用空格或者标点符号进行分割；对于中文文本，则需要使用专门设计过的中文分词技术进行分割。举个简单的例子，假如我们要对"今天是重阳节，

我们一起去爬山吧！"进行分词，常见的分词方法有正向最大匹配法，这个方法需要我们先定义一本包含了中文已知词汇的"词典"。有了"词典"之后，我们就可以对这句话进行逐字的分析。首先是该句从左到右能在词典中匹配出来的最长词汇"重阳节"。"重阳节"这个词有3个字，我们就从左往右，开始"3字"匹配。首先匹配出的是"今天是"，由于这三个字组不成一个词，我们就将"3字"匹配降为"2字"匹配，匹配出了"今天"这个词，记为"词1"。匹配出了"词1"后，我们从"是重阳"中再次进行匹配，发现这三个字并不能组成词，因此降为"2字"匹配。但是"是重"也不是词，我们就降为"1字"匹配法，将"是"匹配为"词2"。接下来，开始"3字"匹配循环，发现"重阳节"三个字可以组成一个词，我们将它记为"词3"。这样从左到右的匹配，我们可以将这句话分为"今天/是/重阳节/，/我们/一起/去/爬山/吧/！"这样的10个"词"，并且这些词在字典中都有对应的数据向量表示。利用这一分词方法，我们就能够得到一组由"词典"向量表示的句子了，这样的分词过程被称为"token化过程"。正向最大匹配法是最简单与最常见的分词方法，除此之外还有逆向最大匹配法、双向最大匹配法等其他分词方法。

通过这些分词方法我们也可以看出，分词的结果跟"词典"息息相关。这种"词典"在深度学习领域被称为词嵌入（word embedding），常见的有词向量模型（Word2Vec）[20]、词表达全局向量模型（GloVe）[21]和FastText[22]等模型。这些模型可以将文本中的每个词汇映射为向量，而这些向量间的距离关系与词汇本身语义的距离相近，使我们可以从向量数据的层面去表示和捕捉词汇的语义信息。

文本进行分词后，AI就需要理解这些词的组合所代表的含义，即语义的提取。语义的提取通常依赖文本所处的场景与对应的任务，比如"没有意思"可以直观地表示为"没有具体的意思"，也可以表示为"不感兴趣的态度"，具体的语义需要结合前后文的信息来判断。

目前被用于分析处理语言文字的模型为Transformer[23]，2017年由谷歌提出。Transformer是BERT、GPT、CLIP等主流语言模型的基础，它具有可并行计算、训练高效和长距离依赖捕捉等优点。

Transformer模型的核心是自注意力机制（self-attention mechanism），这是一种能够对序列中所有元素进行加权计算的机制，根据特定的目标使神经网络聚焦于某些特定的信息上。在自然语言处理中，自注意力机制可以学习文本中每个单词之间的关系，并根据其在上下文中的重要性，进行加权计算，从而得到更好的文本表示。Transformer模型包括编码器（encoder）和解码器（decoder）两个部分。编码器用于对输入文本进行编码，解码器用于将编码后的文本转换为目标语言（如机器翻译任务中的目标语言）。编码器和解码器都包含多层Transformer结构，每层由多头自注意力机制和全连接前馈网络组成。

在多头自注意力机制中，输入序列会分别进行多次自注意力计算，每次计算时采用不同的查询、键和值矩阵，从而学习到不同的特征表示。通过多头自注意力机制的计算，可以捕捉序列中不同元素之间的依赖关系。这种机制的优点在于它能够自动学习文本中的语义信息和上下文关系，并且能够并行计算、高效训练。

从上面的一系列流程可以看出，AI想读懂人类的语言文字就是经过"构建词典"—"分词"—"语义的提取"3个步骤去分析、处理的。

（三）知识来源于学习

人类自出生起就在不断地学习，AI也是如此。除了了解AI观察和阅读所使用的神经网络结构之外，我们还需要知道这些结构是通过什么方法学习到我们想要的观察和阅读能力的，即了解AI是如何学习的。

目前的AI属于任务与数据驱动下的狭义人工智能（narrow AI）。对于任何一个神经网络，我们将数据作为输入，将任务用数学的语言设定为结果函数，神经网络通过不断的迭代更新它与神经元之间的连接方式，即"连接权重"，让数据经过神经网络处理后得到期望的结果。也就是说，不论神经网络结构是有利于视觉还是有利于语言文本，不论数据稀少还是庞杂，不论任务是简单直接还是曲折复杂，整个AI学习的过程就是一个数学函数优化参数的过程。这种优化神经网络参数的方法是当前基于深度学习的人工智能的根本，也是知识在神经网络中构建的基础原理。

然而，不同的人在具有同样的大脑生理结构的前提下却拥有不同的知识储备与思考逻辑，其原因就在于他们所接触的知识与学习任务的不同，AI也是如此。为了使AI在这样的学习方式下仍然能迸发出强大的知识表达能力，研究者们在除了神经网络结构设计与数据集构建任务之外，还展开了一项类似教育学的研究，即拟定AI学习任务。

从现在开始，每一位训练神经网络的研究人员都是AI的老师，AI能不能学到知识就要看"老师"们如何各显神通了。

二、手把手教学

首先要介绍的是一位尽心尽力的"老师"。由于他的教学风格是事无巨细，常手把手地教授知识，学生们都称呼他为"有监督"老师。"有监督"老师教导学生有3个关键的思路，首先是通过"多备课，多监督"的方法让学生获得最丰富和最直观的学习材料，然后再想方法让学生不要"死记硬背"，最后再结合具体需要进行考试"奖惩"。

（一）"老师"监督下的学习

我们假设一个教学场景："有监督"老师要教他那懵懵懂懂的AI学生认识自然界的动物（图2-3）。

图2-3 "有监督"地进行动物识别学习

首先，"有监督"老师需要进行备课，准备大量的动物卡片，并在每张卡片上写上对应动物的名字。这时候他突然想道：这些AI学生或许并不明白动物名字的含义。因此，他将手中100种动物的名字做了简单的排序，分别是1～100号动物。在他的教学流程中，AI学生将通过不断地看图找编号，再对应编号找到动物的名字，这样是进行动物卡片识别最快的学习方式。当然，"有监督"老师并不打算让AI学生都看到所有的卡片。他打算拿出一大部分卡片出来分给AI学生们学习，这一大部卡片被称为"训练集"，保留一小部分卡片用作课堂测试，这一小部分卡片被叫作"测试集"。

"老师"走进课室说："每位同学拿到卡片后先不要翻开来

看，我们每次只从训练集中抽取几张卡片。""老师"发放卡片并对学生说道："这几张卡片合在一起叫作一个'Batch'，我们暂时将'Batch'的大小设置为64张吧。"随着老师的一声令下，AI学生从训练集中随机抽出64张卡片进行学习。此时，这64张卡片的样子便被AI学生记住，虽然AI学生并不知道为什么有些卡片的编号相同，有些卡片的编号不同，但他还是让自己的"神经网络"去学习能够最准确地划分这些卡片的方法，甚至将看过的卡片形状都背下来。

在多次翻阅卡片学习后，AI学生对老师说："现在随机抽取任意的卡片我都能够找到其对应的编号，并且能根据编号说出它是什么动物，我学会了！"此时，老师拿出准备好的测试集，让AI学生给这些从没看过的卡片打上编号，认出是什么动物。当然，这些动物的类别与训练集中的类别是一样的。

AI学生凭借着对训练集的记忆，努力将那些跟训练集相似的卡片归类为同一种动物，并将最终的判断写在卡片上交给老师。但经过检查，AI学生的分类还是出现了很多错误，比如将猫判断为狗，将鸡判断为鸭。但鉴于AI学生能够将训练集很好地进行分类编号，"有监督"老师决定分析产生错误的原因并进行下一步培训。

（二）记住答案还是记住方法

在分析AI学生识别训练集和测试集的具体情况后，"有监督"老师认为AI学生学习的过程存在这样的思路：假设有两类卡片让AI学生去分类，在他的学习过程中，会准确地记住每张卡片对应的类别。如图2-4（a）所示，每一张卡片就是一个小点，老师希望AI学生学习到的是能够区分两种类别的主要因素，也就是画出一条能够在误差允许范围内有效地区分两种类别的"准线"。但AI学生实际上是将所有卡片的特点都记下来，勾勒出的是一条十分复杂的线，这条线将图中不同类的点都分割出来，从而保证他对训练集识别的高准确率，如图2-4（b）所示。一旦测试集的卡片出现在这些复杂的曲线的周围，其分类结果的准确率其实是很难保证的。老师恨铁不成钢地说道："看来这位同学是只记住了答案没记住方法！"并将这一现象称为"过拟合"。

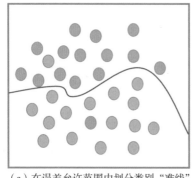

（a）在误差允许范围内划分类别"准线"　（b）追求精准分割的"过拟合准线"

图2-4　AI识别训练集

第二天的课堂上，"有监督"老师采用了两步走的方案。

首先，对卡片进行数据增强处理。顾名思义，数据增强就是让数据集数量增多一些。因为在实际过程中，老师能收集到的卡片数量是有限的，而对于AI学生的学习来说，这种数据的数量肯定是多多益善。因此，老师在已有的训练集的基础上，对训练集进行一些水平翻转、角度旋转、缩放和加噪等操作。这样将它们作为训练集的一部分来扩充训练集的数量，既符合AI学生学习的数据要求，也可以进行批量化操作，从而让学生学习的数据更加丰富，缓解过拟合情况。

其次，由于AI学生的"深度神经网络"是可以进行设计和控制的，"有监督"老师设计了一种叫"正则化"的方法，来查看AI学生的"深度神经网络"是不是专门去记忆看过的数据，并做出调整。正则化通过在AI学生的学习目标中添加"正则项"，让"深度神经网络"中的各个神经元之间的连接权重都趋近于0，也就是避免了过于注重某些神经元之间的连接关系而带来"只记住答案而不是记住方法"的现象。此外，还有一种叫"Dropout"的方法，在训练过程中随机将某些神经元的输出设为0，通过随机地丢弃神经元来避免某些特征过度依赖某些神经元的情况，从而减少AI学生的过拟合情况（图2-5）。

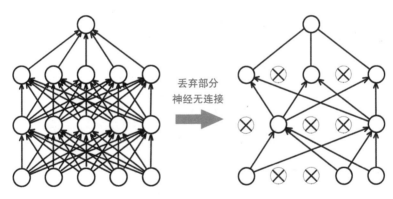

图2-5　深度神经网络的Dropout过程

在这样的多重调整之下，AI学生在测试集上的识别准确率也大大地提升了。

（三）奖励与惩罚

在学习之余，学校还安排了一位"强化学习"老师来带AI学生进行课外游戏。这位老师的一个特点就是从不直接告诉学生如何通关游戏，而是通过判断学生每一步动作对最后通关结果的影响对学生给予奖励或惩罚，让学生在为了获取更多奖励的激励下，自己找到一条最好的通关路线（图2-6）。

图2-6　"强化学习"的迷宫游戏

"强化学习"老师在操场上布置了一个大型且复杂的迷宫，并定下如下的游戏规则：

（1）AI学生在迷宫中的位置被称为"状态"，他可以选择向"左""右""前""后"4种方向进行移动（当然，如果有一个方向遇到墙体那就只能选择其他方向了）。

（2）迷宫场景被称为学习"环境"，唯一掌握迷宫地图的"强化学习"老师通过观察学生的"状态"和移动方向进行判断，如果认为其走的方向是有利于最终通关的，将会给予AI学生"奖励"，如果认为其走的方向是不利于通关的，将会给予AI学生"惩罚"。

（3）AI学生可以进行多次闯关，每次闯关都可以积累前面的经验，直到最终能够在不看地图的情况下以最快速度（最短路径）到达终点。

对于AI学生来说，肯定是希望自己获得的奖励越多越好，在迷宫游戏开启后，AI学生便迫不及待地钻进了迷宫当中。然而，面对四面的迷宫墙，AI学生很快就迷失了方向。在第一次进入迷宫时，AI学生的每一个方向选择几乎都是随机的，并不知道这么走是否能够快速到达终点，因此"强化学习"老师很不留情面地对学生的每一次不利的方向选择进行一定的惩罚。直到AI学生终于走出迷宫，才发现自己获得的惩罚比奖励多得多。AI学生并不服输，他将之前的奖励和惩罚情况记录到自己的"深度神经网络"当中，并开始了第二次尝试。相比于第一次，AI学生的每一次方向选择都有了一定的参考（奖励与惩罚的对比）。但是，有时候收获奖励的方向也不代表继续走下去就能获得更多奖励，一次错误的方向选择可能就面临着不断地走错。在这种奖励和惩罚的机制下，AI学生展开了多次的尝试，并不断地训练自身的深度神经网络来对当前"状态"和方向选择进行评价，直到每一次评价出来的正确方向都是接近准确的路线。就这样，在多次迭代的训练中，AI学生终于能够以最短最快的路径走出迷宫，获取最多的奖励。

三、让AI学会自主学习

为了更好地培养AI学生对事物关键信息的理解能力，"老师们"希望可以通过一些更好的学习任务来辅助AI学生学会自主学习。这样，"老师们"既节省制作数据集的成本，还能够让AI学生学习到的知识并不局限于"老师们"给出的标注信息。

（一）"无监督"的图书馆书籍分类

作为图书管理员的"无监督"老师提出了一个想法，他打算让AI学生到图书馆兼任"管理员"，希望AI学生通过在完成书籍分类任务的过程中学会在没有标注信息的情况下判别书籍与书籍之间的差异性和相通性。

这位老师拥有大量没有标注分类标签的书籍，他将这些书籍都交给AI学生，并要求AI学生通过自主学习一种方法来分析每本书的书名与摘要内容，将可能是同一类的书籍放在同一个书架上。

接到任务的第一时间，AI学生就开始观察这些书的封面、书名和内容。AI学生注意到一些相似的书籍，比如都是关于历史的书籍，或者是关于烹饪的书籍，并开始将这些相似的书籍放在一起，同时创建主题标签，如"历史""烹饪""科学"等。随着时间的推移，他还发现更多的主题和子主题，比如秦朝历史、唐朝历史等，并进一步细化书籍的分类。

在这个过程中，AI学生事先并不知道哪本书属于哪个分类，而是通过观察书籍的特征（如封面、内容等）自行发现了这些分类，这个过程被称为"无监督学习"过程。

在无监督学习中，"深度神经网络"会接收到一组未标记的数据，并尝试通过观察数据的特征来发现数据的结构和模式。"深度神经网络"可以通过降维（寻找更简洁的数据表示形式），比如将冗长的书名提取出关键词，然后再将这些关键词相似的书籍归纳到一起，这个过程被称为"聚类"。AI学生在无监督学习过程中通过自动发现数据的结构和模式，使其可以在没有人工标签的情况下从数据中学习到类别信息。

当AI学生继续对图书馆的书籍进行分类时，他可能会发现某些书籍的分类并不明确，因为它们可能涉及多个主题。例如，一本关于古代广东烹饪的书籍可能既属于"历史"类别，也属于"烹饪"和"地理"类别。这时，AI学生需要根据书籍的主要内容和特征来决定将它最终归为哪个类别，或者考虑创建一个新的类别，如"地域烹饪"。类似的情况很常见，在无监督学习过程中可能会遇到一些难以归类的数据点，因为它们在特征空间中位于不同类别之间。在这种情况下，AI学生可以尝试调整其聚类参数，以便更好地捕捉这些数据点之间的相似性，或者考虑创建新的类别来描述它们。

此外，随着时间的推移，图书馆可能会收到更多新的书籍。

作为兼职图书管理员，AI学生需要将这些新书籍归类到现有的类别中，或者根据新发现的主题创建新的类别。这也会考验AI学生的"深度神经网络"是否对书籍信息具有较强的知识提取能力。

随着书籍数量和书籍归类次数的不断增加，AI学生渐渐认识到这些书籍中哪些简要信息可以很好地代表这本书的类型，从而在每次收到一本书后都能准确地将这本书放到对应的书架上。

（二）"自监督"的拼图游戏

除了"有监督"和"无监督"两位老师之外，学校还引进了一位名叫"自监督"的新老师。"自监督"老师采用了"有监督"老师的指导方式，同时也借鉴了"无监督"老师不使用人工标签的思想，独创了一种教学方法：将数据本身撕裂开来，并为这些撕裂开的数据碎片赋予位置、角度、关联关系等标签，然后使用"有监督"老师的方式训练AI学生的"深度神经网络"。

上面的解释可能比较难理解，我们来看看"自监督"老师给出的拼图例子。想象一下，当你站在一张巨大的拼图前，上千片拼图碎片散落在地上。你的目标是组合这些碎片，完成这张拼图。实际上，组合碎片的过程就是寻找每张碎片在原本图像中对应的坐标。这个坐标并非人为赋予的标注，而是数据本身自带的信息。

这时，你需要依靠每个拼图碎片的形状和颜色等特征来预测它跟哪些拼图碎片相连，从而判断出它的坐标，并将它们拼在一起。在这个过程中，你并不需要外部的指导或监督。相反，你会通过观察各个碎片之间形状和颜色等特征的相似性来自然地组合它们。这正是"自监督"任务的核心思想：模型在没有人为标签的情况下，利用数据的内在结构信息来学习。

我们再回过头看看AI学生在这项拼图游戏中的表现。首先，AI学生会利用"深度神经网络"初步处理每个拼图碎片的形状、颜色和纹理等特征（当然，一开始AI学生并不知道哪些特征是有用的），然后开始比较各个拼图碎片特征之间的相似性，从而找出可能匹配的部分，因为相邻的碎片是可以拼在一起的。当AI学生找到可能匹配的拼图碎片时，会将它们组合在一起。这个过程可能需要多次调整和修正"尝试神经网络"。利用这种不断修正的过程，AI学生的"深度神经网络"能更好地提取出拼图碎片的特征。在这样的拼图过程中，AI学生可能会发现组合起来的最终拼图并不是正确的，需要重新调整，这样的调整过程也会对他的"深度神经网络"进行优化来满足最终的拼图任务。

在多次的拼接和推倒重来的过程中，AI学生渐渐理解碎片与碎片之间的关系，知道了拼图碎片中哪些信息是有效的，比如他能准确地识别"狗的左耳"应该在"狗头"的左上方，"屋檐"应该在"墙体"的上方。这些知识不需要人为地教导它，而是通过这样一个类似拼图的任务来自主学习。

（三）"教育家们"的探索

从上面的这些例子我们可以发现，AI的学习任务在很大程度上影响了AI所能掌握的知识。换句话说，是AI在迎合我们提出的各种任务，不断地改变或优化自身的"深度神经网络"，从而试图构建一个更加合适的、符合任务需求的神经网络模型。AI领域几十年的技术积累涌现出了许许多多的任务，这些任务可以涵盖各种类型，如图像分类、文本生成、语音识别、推荐系统等。但对应的神经网络模型通常也只是针对某一特定的任务，与其称之为"智能"，不如称之为术业有专攻的"专家"。

　　AI掌握什么知识、掌握多少知识以及掌握程度如何，都受到神经网络本身的计算能力和"教育家们"提供给它的学习任务的约束。因此，构建复杂的AI训练任务，也推动着神经网络模型的发展。从2013年AlexNet的提出到2018年谷歌BERT模型的提出，人们对神经网络的构建逐渐向着大参数量进行设计。这种神经网络模型设计的趋势实际上是为了迎合人们不断提出的复杂AI训练任务。除了上面提到的有监督学习、无监督学习、自监督学习等任务，还有诸如零样本学习、多任务学习等任务。这些越来越"刁钻"的任务正是深度神经网络发展的推动力，也是当下AIGC广泛使用的大模型出现的根本原因。

　　AIGC产生的智能涌现背后其实是大模型对数据的知识提取能力达到了一定准确度。随着大模型的发展和训练任务的复杂化，我们原本只专注某一任务的"专家"所涵盖的知识层面也越来越广。甚至也有许多研究工作者尝试着构建一种大一统的模型，来涵盖我们所提出的多种多样的任务。这也是AI"教育家们"对AI任务的进一步探索，因为在现有的深度学习训练框架下，我们并不能奢望AI能够像人类一样具有独立思考的能力，并且在仅使用一个AI模型的情况下实现所有任务。

　　当下的AIGC背后呈现出来的仍然是单一模态与有限任务限

制下的知识提取能力。在未来，假如有更加完善的神经网络训练任务出现，指导AI对我们人类所能感知到的一切信息进行同步学习，实现自然语言和视觉等各个模态上知识感知与认知的大一统，那么一个崭新的通用型AI将离我们不远了。

第三章

栩栩如生的
AIGC作品

一、图像是怎样由AI"炼"成的？

（一）计算机眼中的图像及其生成

图片作为一种日常的消息传播媒介，被人们大量地生成和使用。我们将图片上传到朋友圈、微博等社交媒体来分享我们的生活；画家使用画笔来表达思想；摄影师用相机拍摄精彩的瞬间。图片在我们的日常生活中的应用如此广泛，以至于我们经常忽略了一个问题：计算机和手机等设备究竟是如何理解这些图像的呢？

与人类的视角不同，在计算机的眼中，它们并不能直接理解图片中的事物，在计算机看来一切都是一组数据（像素值）。借助AI的力量，计算机第一次真正认识到图片中这些数据代表的含义，并利用这些数据进行学习，从而让自身变得更加智能。在过去的十几年间，随着科学家们不断地改进AI的感知算法，计算机对图像的理解越来越深刻。如今，在大规模的复杂物体识别任务（如ImageNet数据集）中，AI的识别准确率已超过90%，在一些领域甚至可以超越了人类的水平。

在理解图像的基础上，我们可以试着构建一些特定的图像生成模型。与感知模型不同，生成模型是一种可以根据已有的数据，来模拟出新数据的模型。以一个例子来说明，假如你拥有很多张猫的照片，希望电脑也能创作出一张全新的猫的画作，

而不是简单地复制你提供的图片（图3-1），这就需要用到生成
模型。

基于数据集训练　　　　　　　　　模型随机生成

图3-1　生成模型的输入与输出

生成模型的基本原理是，它要学习已有数据的概率分布，也
就是说，它要知道什么样的数据更可能出现，什么样的数据不太
可能出现。比如，猫的眼睛一般是圆形的、猫的耳朵一般是三角
形的、猫的毛色有很多种，等等，这些都是生成模型要学习的
规律。

但是，生成模型并不是简单地复制已有数据，而是要在保持
一定相似度的同时，增加一些变化和创新点。比如，生成模型可
以画出一只颜色奇特的猫，或一只长着翅膀的猫，或一只穿着衣
服的猫。这些都是生成模型根据已有数据和自己的想象力创造出
来的新数据。

生成模型有很多种，包括变分自编码器（variational autoencoder，VAE）[24]、生成对抗网络[25]、去噪扩散概率模型（DDPM）等。这些方法和技术都有各自的优缺点和适用场景，但是它们的共同点是都利用了人工智能和神经网络来建立复杂的非线性映射，从而能够产生高质量和多样性的图像。在后面的内容中，我们将会分别介绍以上提到的各种生成模型的基本原理以及适用场景，并通过一些简单的例子来展示生成模型的强大之处。

（二）变分自编码器：随机变量的魔法

变分自编码器是早期的生成模型之一。作为一个生成模型，它可以根据一些已有数据的特征来生成新的数据。比如，如果我们有一些人脸的图片，VAE可以学习到这些图片的特征并生成前所未见的新人脸图像。为了做到这一点，VAE需要学习数据的特征，比如人脸的颜色、形状、表情等，这些特征被称为隐变量（latent variable）。与简单地表示像素值不同，隐变量可以被理解为隐藏在数据背后的一种更加贴近语义的表示。比如，我们需要用一组RGB像素值为$512 \times 512 \times 3$（宽×高×RGB值）的解码图片来表示一张分辨率为512×512的原始图片（图3-2）。但是，通过VAE的学习，我们可以把这些原始图片压缩到只有1 024维的高层语义表示，这种压缩被普遍认为是生成模型出现智能的原因。

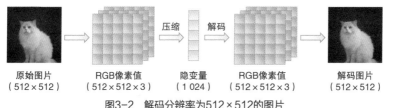

| 原始图片
（512×512） | RGB像素值
（512×512×3） | 隐变量
（1 024） | RGB像素值
（512×512×3） | 解码图片
（512×512） |

图3-2 解码分辨率为512×512的图片

如图3-3所示，VAE有两个部分：编码器和解码器。编码器的作用是把原始数据转换成隐变量，解码器的作用是把隐变量转换成原始数据。编码器和解码器都是人工神经网络，它们可以通过训练来调整参数，使得在编码、解码过程中输出的数据和原始数据尽可能相似。这个过程就相当于我们日常生活中使用的数据压缩一样，将一个大文件压缩成一个较小的压缩包，以方便传输。

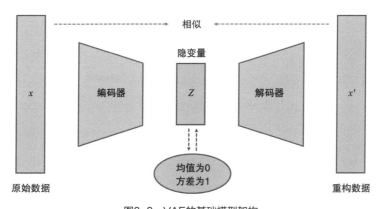

图3-3 VAE的基础模型架构

通过这种重新构建给定数据的训练，VAE能够在不断的训练过程中逐渐理解不同物体的代表特征，从而很好地重构出数据集中的图片。但是这个过程并不能保证可以很好地生成从

未见过的图片，如新的人脸等。那VAE是怎么解决这个问题的
呢？在模型中，VAE并不是简单地把隐变量表示成一个固定的
值，而是表示成一个范围，即：给定一个数据，它对应的隐变
量不是唯一的，而是有很多可能的值。这样做的好处是我们可
以从这个范围中随机选取一个值，然后用解码器来生成一个新
的数据。这样就可以实现全新的生成，而不是纯粹地对输入数
据进行记忆。

VAE使用了一种巧妙的方法将高维度的数据（即图片）编码
成一个在一定范围内的隐变量。比如，对于一张人脸图片编码成
的隐变量，其不同的维度代表人脸中不同的特征，故每张人脸图
片都可以编码成一个特定范围的隐变量。这样，每张图片就有了
自己独特的范围，也就是自己独有的特征。这个范围就是正态
分布[1]，它可以用两个数字来表示，一个是中心值（均值），一
个是变化幅度（方差）。均值表示隐变量最可能的值，方差表示
隐变量取值的不确定性。VAE的编码器就是用神经网络来学习这
两个数字，然后从这个范围中随机选取一个数字，作为图片的特
征。这个随机选取的过程可以提高图片特征的多样性和灵活性，
也可以防止编码器只记住已有的图片，而不能创造新的图片。在
实际应用中，我们通常把VAE的均值设置为0，方差设置为1，这

---

① 正态分布：正态分布的均值可解释为位置参数，决定了分布的位置；
其方差或标准差可解释为尺度参数，决定了分布的幅度。中心极限定理
指出，在特定条件下，一个具有有限均值和方差的随机变量的多个样本
（观察值）的平均值本身就是一个随机变量，其分布随着样本数量的增
加而收敛于正态分布。

个正态分布也被称为标准正态分布[①]。

我们可以发现VAE的训练过程中其实存在着以下两个目标：一个是重构目标，即尽可能复原训练数据中的图像；另一个是规范目标，即让编码成的隐变量尽可能靠近标准正态分布。训练出来的模型离重构目标的误差越小，说明VAE能够更好地还原图片；离规范目标的误差越小，说明VAE能够更好地控制特征的范围。VAE会根据这两个目标的误差来调整编码器和解码器的参数，使其生成的图片质量越来越高。

总而言之，VAE是一种可以从已有的数据中学习如何生成新数据的方法，这种方法显式地对图片数据进行概率上的建模，并使用一个标准正态分布来学习图片的特征。但是这种方法也存在着两个巨大的问题：一是生成的数据比较模糊、缺少细节。这是因为VAE在学习数据的过程中，会用一个简单的分布来近似一个复杂的分布，这样会损失一些数据的细节和特征。比如，VAE在生成人脸图片时，可能会忽略皱纹、胡须等一些细节，仅保留一些大概的轮廓和颜色。这样生成的图片就会看起来模糊且缺少细节；另一个问题是生成的图片相似且单调。比如，VAE在生成人脸图片时，可能会让隐变量分布都接近于标准正态分布，这样就无法区分不同的人脸特征，只能生成一些"平均"的人脸。后续的许多新的生成模型都针对这两个问题进行了改进，如后文提到的生成对抗网络，在很大程度上解决了生成图片模糊、缺少细节的问题。

---

① 标准正态分布：均值为0，方差为1的正态分布被称为标准正态分布。

（三）生成对抗网络：真假之争

生成对抗网络（GAN）也是一种非常著名的生成模型。GAN的核心思想非常精妙，曾被图灵奖得主LeCun评价：GAN是过去几年机器学习中最有趣的想法。

GAN的核心是利用两个神经网络进行对抗博弈，一个是生成器（generator），另一个是判别器（discriminator）。生成器的任务是尽可能生成逼真的数据（如图片），判别器的任务是从真实数据和生成数据中区分出哪些是真的，哪些是假的。通过不断地训练和优化，生成器可以越来越好地模仿真实数据的分布，判别器也可以越来越好地分辨真假数据。最终，生成器可以生成以假乱真的数据，令判别器也无法分辨数据的真假（图3-4）。

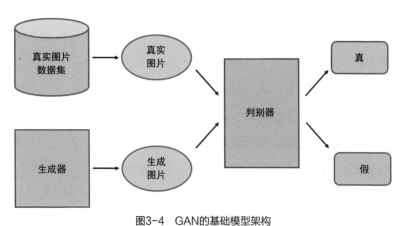

图3-4　GAN的基础模型架构

我们可以把GAN想象成一个造假和鉴定的游戏。假设有一个造假师，他想要造出一些假钞去混入市场，他刚开始可能只能造出一些很粗糙的假钞，容易被人识破，但是他通过不断地学习和改进，试图让他的假钞越来越像真钞。同时，有一个鉴定师，他想要从市场上收集到的钞票中，找出哪些是真的，哪些是假的。他刚开始可能只能根据钞票的一些简单的特征，如颜色、纹路、水印等，来判断真假。但是他也在不断地学习和提高，试图让他的鉴定能力越来越强。这样，造假师和鉴定师就形成了一个互相对抗的过程，互相促进对方进步。最后，造假师可能可以造出非常逼真的假钞，经验丰富的鉴定师也无法分辨其真假。在这个例子中，造假师就相当于GAN中的生成器，鉴定师就相当于GAN中的判别器。

在实际的训练过程中，我们会这样来训练GAN：首先，像VAE中的隐变量一样，我们随机生成一些噪声变量，然后用生成器将它们转换为图片（类似于VAE中的解码过程）。接着，我们从真实数据集中随机抽取一些图片，和生成图片混合在一起，并给它们打上标签，真实图片为1，生成图片为0。然后，我们将混合的数据输入到判别器，计算判别器输出的概率和标签之间的误差。我们用这个误差来指导判别器的学习，使它能够更好地分辨图片的真假。这样，我们就完成了一轮训练：生成器输入一个随机变量，输出一张图片，判别器输入一张真实或者生成的图片，输出这张图片是真实的还是生成的概率。生成器和判别器交替训练，生成器试图生成让判别器无法判断真假的图片，判别器试图能够区分出生成或者真实的图片。我们重复这个过程多次，直到生成器和判别器达到一个平衡点，即生成器可以生成以假乱真的数据，使判别器也无法区分数据的真假。

与VAE相比，GAN一个很明显的优点是可以生成非常清晰的图片。这是因为它利用了判别器的能力来提高生成器的性能。判别器可以从真实数据和生成数据中学习到哪些特征是重要的、哪些细节是必要的，然后反馈给生成器，让生成器能够更好地模仿真实数据的分布和质量。这样，生成器就可以生成更清晰和逼真的图片。

同时，GAN也有一个难以解决的缺点：训练过程非常不稳定。这是因为它需要在生成器和判别器之间保持一个动态的平衡。生成器和判别器是互相对抗的，它们的目标是相反的。虽然它们会不断地互相促进对方进步，但是这个过程也很容易出现问题。如果生成器或者判别器的其中一方过于强大，导致另一方无法跟上，这样就会破坏平衡，造成模式崩溃（mode collapse）。模式崩溃是指生成器只能生成一种或者几种类型的数据（如整个GAN模型只能生成某几张确定的人脸），而不能覆盖真实数据的多样性。

因为训练过程的不稳定性，我们很难通过简单地增加模型的参数量和训练数据的规模训练一种基于GAN的大型生成模型，而这种大模型正是人工智能实现通用性和泛化性的关键所在。这在一定程度上限制了生成模型的发展，使其局限于生成某一类数据（如人脸、风景），而无法做到通用生成。在下一部分中，我们会介绍一种新的生成模型——扩散模型。这种模型很大程度上解决了GAN训练不稳定的问题，成功地把模型规模提升到一个新的层次，将当代生成模型的性能推向了顶峰。

（四）扩散模型：噪声中的艺术

与前面提到的GAN和VAE类似，扩散模型（diffusion model）也是一种可以根据已有的数据生成新的类似数据的模型。在2021年以前，图像方面的生成模型基本上都以GAN为主。当时的GAN已经能够生成质量非常高的图片，各种基于GAN的以假乱真的应用也层出不穷，如深度伪造技术（Deepfake）。但是，由于对抗训练存在的不稳定性，我们很难将GAN应用到一个更加通用的范围，只能对不同的数据训练对应的GAN模型。比如，在人脸数据上训练一个生成人脸的GAN，在风景数据上训练一个生成风景的GAN。这种不稳定性一定程度上限制了生成模型的发展。

许多研究人员纷纷提出了各种稳定GAN训练的方法，但是效果都不太理想。这时，另一群来自OpenAI的研究人员将一种新的生成模型带入大众的视野，并成功地将其性能提高到可以与GAN媲美的地步，他们还将这种模型和训练数据成功地扩大到前所未有的规模，创建了引爆AIGC的"杀手级"应用——DALL-E 2。这种新的模型就是扩散模型，这也是当今绝大多数AI画图应用（如Midjourney）的底层技术。

接下来我们来了解一下扩散模型的基本原理：它先把已有的数据逐渐变得模糊和混乱，直到变成没有意义的噪音，然后再把噪音逐渐变得清晰和有意义，直到还原为数据。扩散模型会在这个过程中学习数据的规律和特征，从而生成新的数据。为了更好

地理解扩散模型，我们可以把它分成两个过程：前向过程和逆向过程。

前向过程就是把数据变成噪音的过程。假设我们从数据集中随机挑选一张猫的照片，然后给它加上一些小点或小斑，这样照片就会变得不那么清晰，这就是给数据加噪音。我们重复这个步骤多次，每次都加上更多的小点或小斑，照片就会变得越来越模糊，直到最后完全看不出是一张猫的照片，只剩下一堆杂色，这就是把数据变成噪音。

逆向过程就是把噪音变成数据的过程。我们可以从一堆杂色中开始。扩散模型会像一个聪明的侦探一样，根据杂色中隐藏的线索，逐渐恢复出原来的猫的照片。扩散模型会先去掉一些小点或小斑，让杂色变得稍微有点形状和轮廓，然后再去掉更多的小点或小斑，让杂色变得更清晰和有意义，最后得出一张新的猫的照片。这张新的猫的照片和原来的猫的照片很相似，但又有一些细微的差别，比如毛色、眼睛或表情等。

扩散模型的训练就是让一个神经网络学习如何将一张模糊的图片还原成一张清晰的图片。我们可以想象，我们有一张猫的照片，我们先给它加上一些噪音，让它变得模糊，然后让神经网络来猜测原来的猫的照片是什么样子，并且把多余的噪音去掉。我们可以看看神经网络猜得对不对，如果猜得的结果很像原来的猫的照片，我们就给它一个奖励；如果猜得的结果很不像原来的猫的照片，我们就给它一个惩罚。然后我们告诉神经网络应该怎么改进，让它下次能够猜得更好。我们可以多次重复这个过程，每次都给猫的照片加上更多的噪音，让它变得更模糊，然后让神经网络来猜测原来的猫的照片，根据猜的结果给它奖励或惩罚。我们可以用很多张不同的图片来重复这个过程，直到神经网络能够从任何一张模糊的图片中还原出清晰的图片。这就是扩散模型的训练过程。

为什么扩散模型能成为生成模型中当之无愧的新一任王者呢？其原因有2个方面。一方面是高质量图像文本数据集的出现。生成式人工智能模型并不是生而知之，它们需要大量的数据进行训练，数据的质量和规模很大程度上决定了训练出的生成式人工智能模型的水平。随着研究人员不断收集大量的高质量图像文本数据，生成式人工智能模型的训练数据得到了极大的完善。另一方面是可规模化的模型架构。如果把数据比作人大脑中的知识，那么模型架构就决定了大脑的容量。以往的生成模型结构，如VAE和GAN，这些模型的"大脑"能够装的知识太少，只能生成一定范围的图片（如人脸）。扩散模型提供了更多的大脑容量，在数据规模增大时，其生成能力能够取得非常明显的提升，所以更加适用于这个大数据时代。

扩散模型当然也有自己的缺点。首先是图片生成速度慢。由于扩散模型是一个逐步去噪的模型，它需要进行很多步骤才能从噪音中生成清晰的图片，这个过程很耗时，不适合实时应用。与GAN相比，扩散模型生成一张图片的时间可能达到GAN生成一张图片的时间的10倍以上。其次，由于扩散模型需要用很大的参数量去学习大规模数据集，不管是模型训练还是推理都需要消耗大量的计算资源。这些都是当今计算机科学家们在努力解决的问题。

通过以上的介绍，我们可以了解到如今的视觉生成模型仍不够完美，每个模型架构都有一些亟待解决的问题。但是技术的发展远远还没有结束，扩散模型的出现，只是一个开始。至编写本书时，已出现了速度更快、性能更强的生成模型，如Consistency模型等。我们以及每个生成领域的研究人员，都坚信生成模型的性能仍会不断提高，AIGC的未来仍有无限的想象空间。

二、文生图：视觉生成技术的新纪元

（一）DALL-E 2：大规模文生图的第一枪

在上一节，我们介绍了各种不同架构的生成模型：VAE、GAN、扩散模型，以及它们各自的优点和缺点。需要注意的是，我们在上一节讨论的图片生成均是随机图片生成，人们仍然没有办法控制生成的内容，或者只能进行一些简单的控制（如生成某一类的图片）。这种无条件生成模型不仅增加了模型的训练难度，也很难让人精确地控制生成的内容，以至于生成模型一直难以走进大众的视野。

至此，一种想法应运而生：能不能使用人类语言作为控制元素，对生成的图片内容进行控制呢？答案是当然可以（图3-5）。事实上文本生成图像甚至可以追溯到GAN时代（2019年），当时是基于对抗生成的方法来训练文生图模型。但是为什么直到2022年才火起来呢？答案很简单：效果不好。首先，从数据的角度来看，当时没有大规模的文本图像匹配的数据，也没有稳定地把生成模型规模化到大数据集的方法。其次从模型的角度，基于GAN的文生图模型训练起来非常不稳定，很难通过增加模型的量级来提高模型的性能。另外，当时也没有很好的语言模型来构建从语言到图片的理解。从上述两个角度来看，通用的文本到图像生成模型在当时简直是天方夜谭。

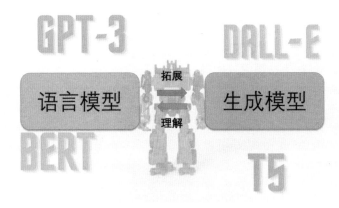

图3-5　语言模型与生成模型相辅相成

　　后来，扩散模型来了，训练生成模型终于不用那么小心翼翼和折腾了，能够理解人类意图的大语言模型也逐渐遍地开花，坚持不懈的研究人员决定再一次进行文生图的尝试。这次，他们终于成功了。来自OpenAI的研究人员，他们第一次构建了基于扩散模型的大规模文生图模型：DALL-E 2。DALL-E 2的名字来源于西班牙画家达利，他以超现实主义风格闻名。DALL-E 2模型可以根据文字生成各种图像，如风景、动物、人物、漫画等。DALL-E 2的特点不是简单地复制已有的图片，而是可以理解文字中的语义和逻辑，生成与之相符的图像，甚至可以创造出一些不存在的事物，如"一个穿着西装的章鱼"或者"一个长着猫耳朵的女孩"。DALL-E 2还可以根据用户的反馈，不断改进和优化生成的图像，使之更加符合用户的期望和喜好。

DALL-E 2的效果无疑是令人震撼的，可以说它把生成模型的可控性和泛化性推到了一个新的阶段，但究其原理，却也并不复杂。我们可以简单地把它理解成由两个部分组成。第一个部分是一个大型文本编码器，主要负责将人类的语言编码成机器能够理解的深层语义信息，确保生成模型能够准确理解人类语言的含义，为可控生成做准备。第二个部分是扩散模型。基于文本编码器产生的语义信息，扩散模型不断进行去噪，最终生成了与文本高度相关的图片。

DALL-E 2的成功可以归结为以下两个方面。一是大规模文本与图像匹配数据的搜集。深度学习模型的成功离不开训练模型的数据，这种大规模数据集的建立，为文生图模型的成功奠定了坚实的数据基础。二是扩散模型规模化能力。与GAN的不稳定相比，扩散模型具有更强的容纳大规模数据集的能力，能够稳定地对大规模的数据集进行学习，使文生图模型具备了强大的模型基础。使用语言模型编码，使用扩散模型生成图片，这套基本框架也被后续的文生图模型广泛应用。

DALL-E 2的出现，打响了科技大厂文生图竞赛的第一枪。从其被OpenAI发布以来，谷歌、英伟达等大型科技企业也纷纷对AIGC出手，发布了自己的文生图模型。同时，也使相关的从业人员（如画师和设计师们）开始警觉：AIGC，来了！

（二）Imagen & eDiff-I：巨头们的入场

2022年4月13日，OpenAI发布DALL-E 2；

2022年5月23日，谷歌发布Imagen；

2022年8月10日，Stability AI发布stable diffusion；

2022年11月2日，英伟达发布eDiff-I；

…………

自OpenAI发布DALL-E 2以来，各大厂商奋起直追，纷纷发布了自己的文生图模型。这些模型的发布时间差最长不超过三个月，最短的只有一个多月，可见文生图领域竞争之激烈。在其中，动作最快的是谷歌。从立项到模型发布，只花了一个多月的时间，让人不禁感慨"谷歌大脑"（Google Brain）的行动之迅速。接下来，我们将分别介绍Imagen[26]和eDiff-I[27]基本的模型架构和各自的独到之处。

当前的文生图模型基本沿用了DALL-E 2的模型架构，即使用一个大型的文本编码器来理解文本，并使用扩散模型来生成图片。Imagen采用了谷歌自己的预训练语言模型T5对自然语言进行编码，将其作为条件并使用扩散模型生成分辨率较低（较模糊）的图片，再使用超分辨率模型来生成分辨率较高（较清晰）的图片。与DALL-E 2一次生成大分辨率模型相比，这个过程有利于Imagen循序渐进地生成图片，降低了生成的难度，使其能够生成质量更高的图片。

除了模型结构之外，Imagen还有一个有意思的发现。DALL-E 2第一次证明了扩散模型在大规模数据集上的优势，而Imagen指出了文生图模型的另一个模块——文本编码器的重要性。Imagen的核心观点是，文本编码器对语言的理解是整个文生图任务的核心。那么文本编码器有多么重要呢？研究人员使用Imagen做了一个实验，证明了提高文本编码器的参数量（使用性能更好的文本编码器）能够显著地提升文本生成图像的质量。

那英伟达推出的eDiff-I又有什么特别的地方呢？它的提出源于一个非常重要的发现：在扩散模型不断去噪的不同生成阶段中，扩散模型对去噪的要求其实并不相同。对于去噪早期阶段，扩散模型更加依赖于语言模型的指导；在后续的阶段，扩散模型更专注于生成更高质量的图片，受语言模型的影响其实并不大。基于这个发现，eDiff-I采用了一种新的文生图架构：在保持基本的文本编码器理解语言、扩散模型生成图片的基础上，在不同的去噪阶段采用针对该阶段专门优化的扩散模型，大大提高模型生成图片的质量。但是，也在一定程度上增加了模型生成图片所需的时间。

从效果而言，这些模型图像生成的质量均可代表文生图领域的最前沿水平，对于日常使用来说质量差别不会太大。但是，各大公司出于安全和隐私考量，并不开放这些模型给普通群众使用，仅仅有一小部分研究人员有访问权限，这在一定程度上将文生图模型限制在了学术界。对此，许多公司嗅到了商机，开发了面向公众的文生图应用，如Midjourney、Firefly等，进一步引发文生图的热潮。在接下来的内容中，我们会对这些应用进行介绍。

（三）Midjourney：迈向商业化

虽然OpenAI快各大科技公司一步，早早发布了引发学界热潮的文生图模型DALL-E 2，但是其商业化的脚步却显著慢于各大厂商。在各种文生图模型涌现并应用到各种下游任务的热潮中，DALL-E 2一直维持其简单的文生图功能而并无进一步扩展，模型接口在很长一段时间内也只对一部分科研人员开放，在商业化上并无太大进展。微软一名资深研究员曾评价："（在文生图领域）OpenAI起了个大早，赶了个晚集。"

与之不同的是，许多商业化应用后来居上，成功地打开了文生图领域的市场，开放了面向大众的文生图应用，往商业化迈进了扎实的一步。其中，最有名的是Midjourney，其来自美国一个自筹资金的独立研究室，专注于设计、人类基础设施和 AI 领域。用户通过输入文本提示，即可生成多样化的图像。用户还可以使用其他命令和参数来调整图像的大小、纵横比、随机种子等。也就是说，普通群众也可以在网页端体验文生图的魅力，自由地创作自己的作品。有一位用户使用Midjourney生成的作品《太空歌剧院》，在美国科罗拉多州博览会的艺术比赛中获得了第一名。Midjourney成功地将文生图模型从学术界推向了普通群众，将其包装成一个简单易用的商业应用，大大地提高了文生图模型的易用性。文生图模型开始慢慢走出实验室，走向大众，并逐渐被社会各界熟知。

（四）Stable Diffusion：人人可用的视觉生成

DALL-E 2的出现引发了文生图模型的热潮，使用者们纷纷对模型生成的高质量图片赞叹不已，但在当时，一些研究人员和小型企业却犯起了难。虽然DALL-E 2公开了模型架构，常人却无法访问DALL-E 2的接口；Midjourney虽然使用方便，模型细节却并不清楚，要使用这些模型做进一步的研究更是无从谈起。至于自己训练一个如此大规模的文生图模型，所需要的人力财力更是天价，并非高校研究所和小型企业能够负担得起的。那么，对于文生图模型的研究和应用又该如何进行下去?

这时，文生图模型迎来了一个重要的里程碑：Stable Diffusion。简单来说，这个模型把原先图像层面的扩散模型转化到图像特征层面，大大减少了扩散模型对GPU等计算资源的需求，使大型文生图模型能够在消费者级别的设备中运行起来，同时可保证较短的生成时间和较高的图片质量。这是学术上的一个巨大突破，扩散模型终于有了在本地设备上运行的模型基础（之前的所有文生图模型都运行在云端）。更让人激动的是，训练这个模型的公司Stability AI，将训练好的模型参数直接开源。这也就意味着，只要有符合算力要求的计算设备，任何人都可以免费体验到高质量的文生图模型，真正意义上实现了人人可用的视觉生成系统。这是开源者的一次胜利，也是开源社区的一次狂欢。

在Stable Diffusion发布以后，开发者和研究人员们将它玩出了各种花样。在应用上，开发者们将其集成到各种界面和插件中，如网页端、Photoshop等，也开发了许多有趣的应用场景。在学术领域，开源的模型允许研究人员进行各种有趣的研究。例如，将通用的文生图模型个性化，生成具有各种特殊风格（如机械风格、卡通风格）的图片。同时，各种对生成图像的编辑技术也遍地开花，大量的研究人员开展基于Stable Diffusion的图像可控性生成研究，比如背景替换技术，根据文字提示为原图生成新的图片背景（图3-6）。此外，还诞生了ControlNet[28]这一个操作简单、容易上手的生成图像控制统一框架。ControlNet在原有的文生图模型基础上，提供了一个高效的可添加其他模态输入的统一框架。如果需要添加其他模态的输入内容（如素描草稿、深度图片、边缘信息等），研究人员们不需要再从头开始训练这个生成模型，而是为原有的文生图模型打入"补丁"，添加一定量的新的可学习参数，模型只需要针对模态数据对这些新的参数进行训练。基于原有的文生图模型，ControlNet仅使用少量的其他模态的数据便可以高效地生成模态相关的图像，并取得卓越的控制性能。

图3-6　对一只猫进行背景替换的生成演示实例

在文生图竞赛的后半场，Stable Diffusion的加入无疑在极大程度上丰富了文生图模型的应用。它可以让用户在本地设备上根据自己的需求和偏好运行模型，从而节省了云计算的费用，也保护了隐私。同时，它可以让更多的研究人员和机构使用和改进这种先进的文生图技术，大大促进了生成模型领域的发展。

三、视觉生成：图像以外，另有洞天

（一）让静态的图像动起来

文生图模型日渐成熟的应用给我们带来了很大的惊喜，人们可以根据自己的喜好创造属于自己的作品。但是我们还要进一步发问：视觉生成只能应用于图像领域吗？我们认为，视觉生成不止能应用于图像领域，还能应用于视频生成、三维内容生成等。

我们可以用一个例子来理解图片生成和其他视觉生成的关系。如果我们把视觉生成领域想象成一棵大树的话，那么图片生成可以被认为是这棵大树上的主干。除主干之外，还有许多繁荣的分支，比如视频生成、三维内容生成等。这些领域中应用的生成模型架构大体上与图片生成的模型架构相似，并且更多地融入了该领域的特定需求。比如，与图片相比，视频需要生成的主体在视频的每一帧都动作连贯，而三维内容则要求不同视角下的物体具有一致性等。这些都为生成模型的研究带来了更多的挑战。在这一部分，我们会介绍AIGC在视频生成领域中的一些应用。

我们可以这么来理解一个视频：它由一系列连续的帧（图像）组成。一个几秒钟的视频，可以被切分成上百张连续的图像。所以从本质上看，我们建立一个优秀的视频生成模型，其实是在建立一个优秀的连续图像生成模型。现在主流的视频生成模型的技术路线就是：将视频生成拆分成一系列的连续图像生成，为原本的图像生成模型添加一个时间维度，并为此设计各种高效的生成架构。

但是，与图像生成相比，视频生成有着更高的要求。首先，视频生成对生成图像的连续性有着很高的要求。一个流畅的视频动作要求视频中相邻帧之间的图像具有连贯性。如果相邻帧之间的图像差距过大，那么整个视频看起来就不连贯，更像一个自动播放的图像集合。与之相反，如果每张图像之间的差距都足够小，且整个变换能保持一致，那么这个视频将是一个非常流畅的视频。然而这种连贯性非常难以保障，现在主流的模型仍然难以解决这个问题。其次，视频生成对计算设备和计算方法的要求更加苛刻。如果是生成一张图片的话，计算成本较高也能被接受。但如果是生成一个视频呢？一个几秒的视频可能需要上百张图片来构成，如果视频生成模型的计算效率不高的话，那么生成一个视频所需的时间简直无法想象。因此，视频生成模型对计算设备和计算方法有着更高的要求，成本更加难以控制。这也大大限制了视频生成模型的发展。

所以，虽然我们已经能够生成高质量的图片，但生成视频仍然是一个非常有挑战性的任务，需要许多计算机科学家和工程师们努力去解决。由于以上提到的各种限制，早期的视频生成，我们只能生成模糊（图像分辨率不够高）且时间短暂的视频，且视频中的动作非常不连贯。随着生成模型的不断发展，现在生成的视频已经能够越做越长、越做越清晰。期待未来的某一天，我们能够使用生成模型来自由地创作我们想要的视频片段，人人都可以成为导演。

（二）构建三维的立体世界

无论是图像生成还是视频生成，其实都是二维内容的生成。但是，随着三维内容的不断丰富和发展，如数字人和元宇宙（metaverse）的兴起，二维内容的生成已经渐渐满足不了人们的需求，科学家们开始探索三维内容的生成。三维内容生成，顾名思义，就是使用生成模型进行三维物体的生成。举个例子，在之前我们生成的是猫的图像，现在我们生成的将是猫的一个三维模型。

那么，三维内容生成和二维内容生成（图像、视频）有什么关系呢？我们可以这么来形容：如果说视频是不同时间下连贯的图像序列，那么三维内容就是不同视角下一致的图像序列。在上文中我们提到，生成视频最重要的是视频的相邻帧之间具有比较强的连贯性，也就是各幅图像在不同时间下是相对连贯的。对于三维内容来说也是类似的，三维内容的生成，需要做到不同视角下物体的一致性。也就是说，对于一个生成的三维小猫，我们从不同的视角看过去，都必须是同一只小猫（图3-7）。

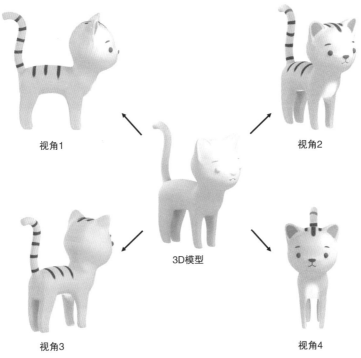

视角1

视角2

3D模型

视角3

视角4

图3-7　猫的3D模型及其在不同视角下的2D渲染图

　　这是如何保证的呢？我们可以简单理解成不同视角下的物体在本质上共享一个相同的三维。它的原理是用一个神经网络来学习三维物体或场景的特征和规律，并根据输入的信息来合成新的三维形状。它可以用来制作各种虚拟现实或增强现实的内容，也可以用来恢复或重建真实世界的物体或场景。

　　举个例子，假如你有一张苹果的照片，你想知道它从不同角度看是什么样子的，或者你想把它放到一个虚拟的环境中，那么你就可以用三维内容生成的方法来从这张照片中生成一个苹果的三维模型，然后用它来渲染不同的视角或背景。又比如，你有一个文本描述——一只蓝色的猫，你想看看这只猫长什么样子，或者你想把它放到一个真实的场景中，那么你也可以用三维生成的方法从这个文本中生成这只猫的三维模型，并根据文本中的属性来调整它的颜色和形状。

三维内容生成的前景非常广阔，可以涉及影像娱乐、虚拟试衣、智能家居、文物重建、自动驾驶、大场景重建、数字孪生等领域。例如，在影像娱乐方面，可以用三维内容生成技术制作影视、游戏、动画等内容，提高视觉效果和创意表达，如电影《阿凡达》就使用了三维内容生成技术，将真实演员的表情和动作转换成虚拟角色的形象，创造了一个奇幻的外星世界。在虚拟试衣方面，可以用三维内容生成技术对人体进行重建和拟合，实现不同服装的自动适配和展示。比如，淘宝的魔镜功能可以让用户在手机上看到自己穿上不同款式的衣服的效果，方便用户挑选和购买。在智能家居方面，可以用三维内容生成技术对室内空间进行重建和模拟，实现虚拟家具的放置和调整。比如，宜家的App就可以让用户在手机上看到自己家里放置不同款式家具的效果，帮助用户设计和装修自己的家。在文物重建方面，可以用三维内容生成技术对古建筑、文化遗产等进行重建和修复，实现数字化保护和展示。比如，故宫博物院利用三维内容生成技术，将故宫的各个殿宇、陈列品等进行了三维扫描和建模，让用户可以在网上欣赏故宫的风貌和藏品。

但是，三维内容生成目前也有很多局限性，其中最大的局限性来源于数据的限制。三维内容生成需要大量的数据采集、存储、传输、处理等环节，涉及多种硬件设备、软件平台、算法方法等技术手段，需要消耗大量的时间、金钱、人力等资源。比如，三维内容生成需要使用专业的相机、传感器、服务器等设备，以及复杂的图像处理、机器学习、计算机图形学等技术。其次与图像相比，三维内容生成与渲染需要消耗大量的计算资源，这也为三维内容生成的普及带来了一定的困难。

第四章

声音和文字的AIGC之旅

一、开启"音文"交互新时代

在我们的日常生活中，声音和文字扮演着至关重要的角色。我们使用它们来沟通信息、表达思想、传递情感。随着人工智能技术的不断发展，我们已经进入AIGC时代。我们不仅可以使用传统的声音和文字来沟通，还可以通过人工智能生成的语音和文字来进行交流，甚至创作音乐。这是一次惊人的变革，AIGC技术改变了我们与声音、文字的互动方式，让我们可以在前所未有的领域中创造、沟通和分享。让我们一起踏上这场神奇之旅，探索AIGC技术的无限潜力！

（一）丰富的语言世界

1. 听、说、读、写样样行

随着AIGC技术的不断发展，人们对于如何使用AIGC技术来改善我们的生活有了更多的关注和探讨。AIGC作为一个备受关注的领域，它的应用范围广泛，涉及听、说、读、写等语言领域方面的发展（图4-1）。

在听的方面，应用于AIGC的语音识别技术已经可以轻松识别不同语言的发音，并准确地将语音转换为文字。这种技术的应用十分广泛，如语音助手、语音翻译等。此外，AIGC还包含语音合成，将文字转换为自然流畅的语音，为人们提供更加人性化的交互方式。

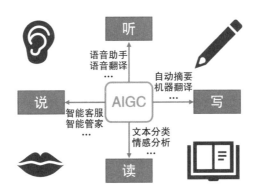

图4-1　听说读写样样行

　　在说的方面，AIGC的自然语言处理技术已经可以实现智能对话，即人机交互中的语音交互。这种技术可以应用在智能客服、智能管家、语音翻译等领域，使得人们可以更加方便地与计算机进行交流和沟通。

　　在读的方面，AIGC的自然语言处理技术可以完成文本的自动分类、情感分析等任务，为人们提供更加便捷和高效的信息处理方式，极大地提高人们的工作效率。

　　在写的方面，AIGC的自然语言处理技术也可以完成文本生成任务，如自动摘要、机器翻译等。同时，还可以进行自然语言推理，即对文本内容进行逻辑分析和判断，帮助人们更好地理解和处理信息。

　　除此之外，AIGC在音乐创作领域也有广泛的应用，可以生成各种类型的音乐，为音乐创作带来了全新的体验。总之，AIGC已经成为我们日常生活中不可或缺的一部分，它的发展必将为人们的生活和工作带来更加便捷和高效的体验。

2. 古今创作对对碰

文学作品和音乐作品一直都是人们用来表达情感、思想和创造力的重要方式。文学作品和音乐作品往往是由个人或团体进行创作，创作过程需要花费大量的时间和精力，且创作的内容和形式受技术和素材的限制。

在过去，文学作品的创作往往需要借助于纸笔、打字机等工具，而现在，AIGC的文本生成技术使得创作变得更加简单和高效。AIGC工具可以学习和模仿人类的创作风格和写作习惯，生成与人类创作相似的文学作品。这些文学作品可能是小说、诗歌、评论或新闻，它们可以不断地进行优化和更新，从而满足用户不断变化的需求。

与此同时，AIGC工具也可以进行音乐生成。在过去，音乐作品的创作往往需要专业的音乐家或音乐制作人，而现在，AIGC可以生成多种风格的音乐作品。使用AIGC工具生成音乐作品可以减少人力成本和时间成本，同时也可以探索新的音乐风格和创作方法。

（二）"音文"创作背后的技术

无论是声音还是文字，从数据的角度来看都属于有先后次序的序列数据。AIGC工具的序列生成是指给定一些输入数据，然后生成一段新的序列。举个例子，我们可以输入一段中文，然后让它生成一段对应的英文翻译。在这个过程中，AIGC工具需要自动学习并理解语言的语法、词汇和语境，以正确地生成新的序列。

为了完成这项任务，AIGC工具需要依靠许多自然语言处理（NLP）技术，其中模型的选择至关重要。

1. 输入输出不受限：Seq2Seq[29]

传统的序列生成模型都有一个问题，就是无法处理可变长度的输入和输出序列生成任务。例如，当你在翻译一篇文章，要求翻译出来的长度和原文一样长，可想而知这个翻译效果是很差的。这是因为不同语言之间的表达方式是不一样的，有些语言中用一个单词可以表示的意思，在另一种语言中可能需要用多个单词来表示同样的意思。而且翻译的文章被限制在相同的长度下，很可能无法表达完整的思想。

序列—序列（sequence-to-sequence，Seq2Seq）模型，是一种可以将一个序列转化为另一个序列的模型。它由两个主要的神经网络组成：编码器和解码器（图4-2）。

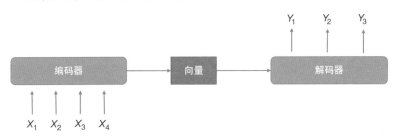

图4-2 Seq2Seq模型

那Seq2Seq模型是怎么工作的呢？首先编码器接收输入序列并将其转换为固定长度的向量，这个向量将输入序列的信息压缩成一个固定的长度。解码器则接收编码器输出的向量并使用它来生成目标序列，它会根据输入序列的信息和之前生成的输出单词来猜测下一个单词是什么。然后，它会把这个猜测出来的单词和之前的单词拼接在一起，生成一段完整的语句。

2. 像人类一样关注重点：Transformer

如果人工智能能够像人类一样有选择性地关注信息中的重点部分，那么人工智能在处理信息的过程中将会大大提高效率和准确性。这种机制在人工智能领域中被称为"注意力机制"（attention mechanism）。就像人类在学习时能够有选择性地关注某些词汇或者图片，注意力机制也能够让机器有选择性地关注输入数据中的重要部分，从而更好地理解数据。

注意力机制是Transformer模型的核心（图4-3）。它最初由谷歌公司在2017年提出，并被广泛应用于机器翻译、文本生成和文本分类等任务中。它是一种比以往的神经网络更聪明的模型，不像循环神经网络（recurrent neural network，RNN）需要考虑过去的输入。模型通过注意力机制，可以实现并行化计算，从而大幅提升训练的效率。

图4-3 注意力机制

具体来说，Transformer模型中的注意力机制分为自注意力（self-attention）和多头注意力（multi-head attention）两种。其中，自注意力机制是指在输入序列内部进行注意力计算，用来对输入序列中的每个位置进行加权求和，得到每个位置的权重，从而产生对应的输出表示。而多头注意力机制是指对不同的输入序列进行注意力计算，从而得到不同维度的输出表示，并将这些输出表示进行拼接后，再经过一层线性变换得到最终的输出。

Transformer模型同样包含一个编码器和一个解码器。编码器将输入文本编码成一个固定长度的向量，解码器则将该向量解码成目标文本。在编码器中，自注意力机制用于捕捉输入文本中的相关信息，而在解码器中，除了自注意力机制外，还需要使用注意力机制来将编码器中的信息和解码器中的信息结合起来。

3. 站在巨人的肩膀上：BERT

以往在做自然语言处理任务时，我们需要为每个任务单独设计一个模型，这需要消耗大量的人力和时间成本，并且如果数据量不足，模型表现就会很差。为了解决这个问题，研究人员开始思考能否设计一种通用的预训练模型，即在大规模的文本数据上进行训练，然后将得到的模型应用于不同的自然语言处理任务中。

BERT是一种基于Transformer模型的预训练语言模型，它是目前自然语言处理领域的先进技术之一。该模型采用了Transformer中的编码器，并且对其进行多层堆叠。但BERT模型采用了双向编码器，这意味着它能够同时考虑前后文信息。它有两个不同的阶段：预训练和微调。在预训练阶段，BERT模型通过大规模的文本数据进行无监督训练，学习文本中的语义表示，然后在微调阶段使用少量标记数据进行有监督微调，使模型适应不同的任务。你可以把它看成一个学霸，天天看书积累知识，然后可以帮助我们解决各种问题。不同的任务就像是各种考试，BERT模型只需要稍微调整一下就可以轻松应对。

与传统的语言模型不同，BERT模型通过预测输入文本中的一些随机选取的掩码标记来训练自己。此外，BERT模型还引入了"下一句预测"（next sentence prediction）任务，这个任务要求模型预测两个输入句子是否相邻。这些任务使BERT模型学习到更加丰富的语言表示，从而在许多自然语言处理任务上达到最优表现。

（三）回顾GPT的家族史

AIGC这个概念的爆火就不得不提到ChatGPT。ChatGPT是由OpenAI开发的一款自然语言处理模型，它能够模拟人类的自然语言表达方式并具有强大的语言理解能力。这个模型不仅能够回答问题，还能够完成进行对话、生成文章等多种任务。ChatGPT采用了预训练的方式，这种训练方式使得它在处理不同的自然语言处理任务时表现出色。其强大的语言生成能力让用户感觉自己好像在与真正的人类对话。说到ChatGPT，就不得不提到GPT（Generative Pre-Trained Model，生成式预训练模型）家族。

GPT-1诞生于2018年6月，其是第一个利用了无监督学习和大规模语料库的预训练语言模型，它的特点是通过大量的语料库训练，使模型具备了自然语言理解能力。它的出现极大地推动了自然语言处理领域的发展，并为后来的GPT系列模型提供了重要的思路和技术基础。

结构上，GPT-1是12个Transformer解码器（decoder）的堆叠，并没有太多的创新。之所以选择Transformer，是因为与RNN相比，Transformer能够学习到更加鲁棒的特征，具有更结构化的记忆，能够处理更长的文本信息。在这个结构上利用大量的无标签数据进行预训练后得到一个预训练语言模型，再针对特定的下游任务进行有监督的微调。与之前的研究相比，GPT-1在微调阶段构造了与任务相关的输入，针对这个任务只需要做出很小的改变，无需改变模型。

自然语言处理技术有4种常见任务：文本分类、文本蕴含、文本相似性和多选题。

对于文本分类任务，给定一段文本，需要模型对其进行判断。构造输入是将初始词元、目标文本和抽取词元拼接成一个序列作为模型的输入。取模型最后一层的隐层输出，经过一个简单的线性层，将特征投影到对应的分类空间。

对于文本蕴含任务，给定一段文本和一个假设，需要模型判断这段文本是否蕴含这个假设，也就是一个三分类任务（即分类任务中有3个类别）。构造输入是将初始词元、目标文本、分隔词元、假设文本和抽取词元拼接成一个序列作为模型的输入。后续的分类与文本分类任务相同。

对于文本相似性任务，给定两段文本，需要模型判断它们是否相似。构造输入的方法与文本蕴含任务类似，不同之处在于这里需要构造两个输入，并且需要两个模型。两个输入的区别在于两段给定文本的序列相互调换。最后对模型的输出进行相加后再经过一个简单的线性层，将特征投影到对应的分类空间，判断文本相似或者不相似。

对于多选题任务，给定一个问题和若干个答案，需要模型选出正确的答案。构造输入的方法与文本蕴含任务类似，对于N个答案就需要构建N个输入序列，也需要N个模型。输入由初始词元、问题、分隔词元、答案和抽取词元拼接成一个序列。每一个序列分别进入模型，再经过线性层做映射，最后输出答案的置信度[①]，置信度越高说明是正确答案的可能性越大。

可以看出在不同的任务上，输入的数据都不一样，但是都可以构成一个序列。不管输入和输出的数据怎么变化，中间的模型是不会变的（图4-4）。

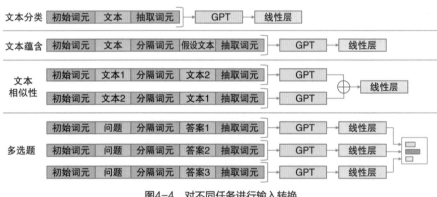

图4-4 对不同任务进行输入转换

此后GPT进行了技术上的更新换代，并在2019年2月发布了GPT-2。它比GPT-1规模更加庞大，拥有更多的参数和训练数

---

① 置信度：对某个事件或假设的确信程度。

据。它由多达48个Transformer编码器堆叠而成，可以生成高质量的自然语言文本，如新闻、故事等。与GPT-1相比，GPT-2并没有对其网络进行大刀阔斧的改造，而是使用了更多的网络参数和更大的数据集来提高模型的泛化能力。因此，GPT-2可以被看作是一个更加强大和智能的GPT-1，使计算机能够更好地理解人类语言并进行自然的对话。

GPT-3于2020年6月发布，包含了1 750亿个参数。GPT-3可以被用于自动问答、文本摘要、文本生成等多个自然语言处理任务，能够生成高质量的文章、诗歌、小说等文本，甚至能够进行翻译和对话。与以往的自然语言处理模型不同，GPT-3的一个重要特点是采用了少样本学习（few-shot learning）进行训练[30]，即可以在训练数据很少的情况下完成某些任务。因此，GPT-3可以将先前学习的知识应用于新的任务中。例如，给定一个问题和一个描述，GPT-3可以生成答案，即使它从未被训练来回答这个问题。由于其强大的性能和广泛的应用，GPT-3在自然语言处理领域引起了广泛的关注，被认为是一个里程碑式的成果（图4-5）。

图4-5 各人工智能模型的发布时间

随着ChatGPT的发布，GPT-3.5也随之公布。ChatGPT最初是基于GPT-3.5的微调版本，结合更完整的人类反馈强化学习训练策略。在此之前OpenAI公司没有公布任何关于GPT-3.5的信息。OpenAI将GPT-3.5称为在2021年第四季度之前的文本和代码混合上训练的一系列模型。OpenAI并没有发布一个经过充分训练的GPT-3.5，而是为不同的任务创建了一系列的模型，比如文本生成和代码生成。text-davinci-003是ChatGPT的微调模型，OpenAI称其是对GPT-3的text-davinci-002的改进。

二、"ChatGPT"模式诞生

ChatGPT是在GPT-3的进一步研究基础上（即GPT-3.5）诞生的爆款产品与技术，其意义在于开拓出了一条可以让计算机更加智能化地与人类进行沟通和交流的道路，提高了人们的生活质量和工作效率。它能更加精准、高效地解决用户的问题，减少人工的工作量，而后续衍生出来的各种产品更是令人惊叹。

（一）回顾过去，聊天机器人的兴起

早在ChatGPT问世之前，已经有不少聊天机器人出现，比如小冰、小度和Siri。

"小冰"是微软在2014年5月29日发布的人工智能机器人，其研发目标是创建情感计算框架，通过算法、云计算和大数据的综合运用，采用代际升级的方式，逐步形成向EQ（emotional quotient，情商）方向发展的完整人工智能体系。如今，小冰是一套完整的、面向交互全程的人工智能交互主体基础框架，又叫小冰框架（avatar framework），它包括核心对话引擎、多重交互感官、第三方内容的触发与第一方内容生成和跨平台的部署解决方案。

早期小冰的外形是一个18岁人工智能女孩，如今小冰框架已孵化出数以千万计的AI实例，如少女小冰、Rinna，世博会参展画家夏语冰等。如今小冰的智能得到了不断的提升，目前已经具备了自然语言处理、计算机视觉、计算机语音和人工智能内容生成等多项技术。自发布以来，小冰框架系统引领着人工智能的技术创新，在内容生产、智能零售、人工智能托管、智能助理等诸多方面成就卓越。与其他人工智能不同，小冰注重人工智能在拟合人类情商维度的发展，强调人工智能情商，而非任务完成，并不断学习优秀的人类创造者的能力，创造与相应人类创造者同等质量水准的作品。

小度是由我国领先的科技公司之一百度开发的一款人工智能虚拟助手。它于2015年推出，现已成为我国最受欢迎的虚拟助手之一，拥有超过4亿用户。小度拥有多种功能，包括语音识别、自然语言处理和图像识别，用户可以通过语音或文本与小度进行交互，让它执行设置警报、打电话、发送消息、提供天气预报、回答通用知识问题，甚至玩游戏等任务（图4-6）。

小度最重要的功能之一是它能够与智能家居设备（如空调、灯光和安全系统）集成。用户可以通过语音命令来控制智能家居设备，使生活更加方便、易于管理。

图4-6　百度小度

　　总而言之，小度是一款功能强大、多才多艺的虚拟助手，凭借全面的功能和先进的人工智能技术，小度已经成为我国许多人日常生活中不可或缺的重要组成部分。

　　除了小冰和小度，苹果手机的用户一定对"Hey，Siri"不陌生吧？这是苹果的智能语音助手Siri的唤醒词。Siri最初成立于2007年，在2010年被苹果收购，最初以文字聊天服务为主，随后通过与全球最大的语音识别厂商Nuance合作，实现了语音识别功能。我们可以通过语音指令来控制Siri完成各种操作，如设置提醒、查询天气、播放音乐、搜索信息等（图4-7）。

　　Siri最大的特点是人机互动，其对话接口针对用户询问所给予的回答十分生动，有时候更是让人有种心有灵犀的惊喜，如用户如果在输入的内容中包括"喝了点""家"这些字，Siri则会判断为喝醉酒、要回家，并自动建议是否帮忙叫出租车。

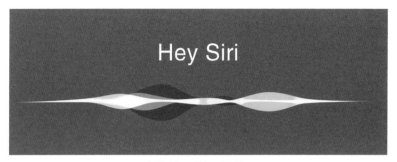

图4-7 "Hey Siri"

　　小冰、小度和Siri等聊天机器人在语言模型的发展中发挥了重要作用，它们在不断地迭代和优化中提高了自然语言处理的水平，拓宽了语言模型应用的范围。随着技术的不断进步，新的语言模型逐渐崛起，如GPT系列模型，其已成为自然语言处理领域的新焦点。

（二）知书达理，ChatGPT读懂你的需求

1. ChatGPT应运而生

　　人们一直在尝试使用计算机来模拟人类对话，以便实现智能化的人机交互。早期的尝试比较简单，采用的是基于规则和模板的方法，即事先定义好规则和模板，再根据用户的输入内容输出相应的回答。但是，这种方法需要大量的人工设计和维护，且效果并不理想，无法应对复杂的自然语言场景。随着人工智能技术的发展，尤其是深度学习技术的成熟和应用，ChatGPT等基于深度学习的自然语言处理模型开始崭露头角。

　　ChatGPT是由OpenAI公司基于GPT-3.5开发的一种预训练语言模型，也是一种专注于对话生成的语言模型。它能够根据用户

的文本输入，智能地回答相应问题。这个回答可以是简短的词语，也可以是长篇大论。

ChatGPT有一些十分有趣的特点。首先，它能够主动承认自身的错误。如果机器人在和你聊天时犯错了，只要你指出来，它就会改正并不断优化自己。其次，ChatGPT可以质疑不正确的问题，这就像你问机器人一个不可能的问题，比如："哥伦布2015年来到美国的情景"，它会很聪明地告诉你，这个问题是错误的，因为哥伦布在2015年前就已经去世了。此外，ChatGPT还能够承认自身的无知，就像人类也会承认自己对某些专业技术不了解一样。最后，ChatGPT支持连续多轮对话，可以更连贯地与用户进行交流和沟通，就像跟朋友聊天一样。

2. 强强联合

从模型上来看，ChatGPT基本上和上一个版本的GPT-3没有太多的区别，最主要的变化就是ChatGPT引入了强化学习[31-32]。

什么是强化学习？

强化学习是智能体（agent）以"试错"的方式进行学习，通过与环境进行交互获得的奖赏指导行为，目标是使智能体获得最大的奖励。强化学习包含五个要素：智能体、行为、环境、状态、奖励。

强化学习是一种人工智能技术，它的目标是让机器能够通过与环境的交互来学习某个行为，并且在未来遇到相似情况时做出更好的决策。这个过程有点像是我们在玩游戏时的学习过程：我们试着去做一些事情，然后根据结果来判断这样做是否正确。如果我们做得好，就会得到奖励；如果做得不好，就会受到惩罚。强化学习也是这样的，机器会试着去做一些事情，然后根据反馈来调整自己的行为。这种反馈通常是一个数值，表示机器的行为是否正确。通过不断地尝试和调整，机器可以逐渐学会如何在不同的环境中做出正确的决策。

强化学习在许多领域都有应用，如自动驾驶、机器人控制、游戏策略等。AlphaGo的胜利，也说明了在合适的情况下，强化学习可以完全胜过人类。

3. ChatGPT训练大揭秘：从问题和答案中来

要想进一步了解ChatGPT的强大，还需要了解它的训练流程，包括：有监督微调模型（supervised fine-tune，SFT）、奖励模型（reward model，RM）、基于该奖励模型进行的近端策略优化（proximal policy optimization，PPO）的强化学习模型。

首先要训练出第一个模型，也就是有监督微调模型。第一步是提供各种各样的问题，让人根据这些问题写出答案。这些问题被称为prompt（提示），包括商业语言模型API（application programming interfce，应用程序编程接口）提供的、标注者提供的以及从之前GPT-3接口收集的问题。将问题和答案拼成一段对话文本，得到了第一个包含大量的对话文本的标注数据集。通过有监督学习用这些数据对GPT-3.5进行微调预训练。在人类标注的这些数据上进行微调出来的模型就是有监督微调模型。

其次要训练第二个模型，也就是奖励模型。这时候要再给出问题，让模型生成几个答案，并人工对答案的好坏进行打分和排序。将大量人工排序的答案整理为一个数据集，就是第二个标注数据集，使用这个排序数据集训练的就是奖励模型。此时的训练输入是问题+答案，模型输出为分数，优化目标是问题+答案得到的分数要满足人工排序。

最后一步就是训练基于奖励模型进行的近端策略优化的强化学习模型。此时继续给出一些没有答案的问题，通过强化学习继续训练模型。优化目标是使得强化学习模型根据这些问题得到的答案在奖励模型中得到的分数越高越好。经最终微调后就可以得到ChatGPT模型。

（三）对答如流，ChatGPT解决你的问题

1. 上知天文下知地理：对话系统

ChatGPT可以用于构建对话系统[33]。它可以构建能够进行多轮对话的智能机器人，让人们可以和机器人更加自然、流畅地交流。与传统的对话系统相比，ChatGPT的多轮对话能力[34]能够更好地理解用户的意图和语境，从而提供更加智能化、人性化的回答。与传统的单轮对话不同，多轮对话可以是一个连续的、交互式的过程，涉及多个问题和回答的交替。

例如，当用户向ChatGPT询问旅游信息时，用户可能会在询问酒店时遇到问题，然后转而询问附近的餐馆或景点。在这种情况下，ChatGPT可以自动记住之前的对话历史，并根据上下文来理解用户的问题，提供更加精准和个性化的回答。

在多轮对话中，ChatGPT会通过分析之前的对话记录来理解当前对话的上下文，然后结合自身的语言模型来生成有意义的回复。这个过程就好像我们在和朋友聊天一样，通过之前的交流来

理解对方的意思，然后给出合适的回答。ChatGPT还能够自动识别语言的上下文信息，比如之前的话题、蕴含的情感色彩和可能的隐含意图，从而生成更加智能和贴切的回复。

2. 人类的语言管家：机器翻译

机器翻译[35]是指使用计算机程序将一种自然语言转换为另一种自然语言的过程。它的意义在于能够打破语言障碍，让人们能够更好地进行跨语言交流和合作（图4-8）。

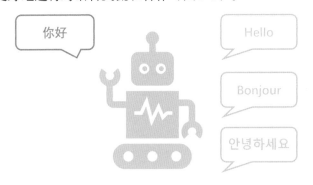

图4-8　机器翻译

你可以把机器翻译比作一位超级语言通，能够帮助你和世界各地的人们无障碍交流。假设你的好朋友来自不同的国家，他们说的语言你听不懂，而他们也听不懂你的语言。这时候，如果有一种机器翻译技术，你就可以通过输入你的语言，让机器翻译成你朋友的语言，然后你的朋友就能理解你的意思了。同样，你也可以将你朋友的语言输入机器，让机器将其翻译成你的语言，这样你就能理解你朋友的意思了。

ChatGPT作为一种自然语言处理技术，也可以被用于机器翻译。通过训练大量的语言数据，ChatGPT可以学习多种语言的语法和词汇，并根据上下文进行翻译。例如，你想将"你好，今天天气真好！"翻译成英文，ChatGPT可以根据其对语言的理解和上下文推断出最合适的翻译结果："Hello，the weather is really nice today！"

让我们以出国旅游为例子来解释ChatGPT如何进行机器翻译，想象一下你正在计划你的旅行，你打算去日本旅游，但你不懂日语。你在网上搜索一些关于日本的旅游攻略，但大多数都是日语的。这时候，ChatGPT就可以派上用场。你只需要把这些日语的攻略输入到ChatGPT中，它就可以为你进行翻译。比如输入"请帮我翻译这段日语"，接着在后面输入一段日语。根据你输入的中文查询关键字，ChatGPT能够推断出你的需求是将日语翻译为中文。然而，如果之前曾要求ChatGPT将某些文本翻译成英语，ChatGPT也有可能将你的需求理解为从日语翻译成英语。因为ChatGPT的强大之处在于能够分析整个对话文本，利用之前的上下文和全局语义信息，自动识别和调整语言的语法结构和语言习惯，生成流畅和自然的翻译结果。所以，提问词是决定翻译质量的关键。

机器翻译技术的意义在于帮助人们打破语言障碍，实现跨语言沟通，促进文化交流和商业合作。ChatGPT作为一种强大的自然语言处理技术，可以为机器翻译带来巨大的进步。

3. 一键概括全文，轻松找到重点：自动摘要

假如你是一名新闻编辑，每天需要处理数百篇新闻报道，但你的时间和精力有限。你需要尽快地了解这些报道，并选择最重要的内容发布到网站上。但是，阅读如此多的文章需要花费大量

的时间和精力，这会严重影响你的工作效率。此时，有没有一种人工智能技术，能够帮助你快速地判断哪些文章是有价值的呢？这就是自动摘要技术[36]的用途。

自动生成文本摘要可以改善人们的阅读体验，提高阅读效率。自动摘要技术通过分析大量文本，快速提取其中最重要的信息，生成简洁的摘要。就像一个精明的编辑一样，自动摘要技术能够在几秒钟内完成烦琐的筛选工作，帮助你快速地获取所需信息，提高你的工作效率。同时，自动摘要技术还可以大幅节省读者的阅读时间和精力，让他们更轻松地获取信息，更快速地了解事件。因此，自动摘要技术在信息处理和获取方面具有重要意义（图4-9）。

图4-9　自动摘要

ChatGPT作为一个自然语言处理模型，它的其中一个功能就是能够自动生成文本摘要，它能够理解文章内容，通过深度学习算法，将文章中最重要的信息提炼出来，生成简短、准确的摘要。如果使用了ChatGPT这个工具，它就可以帮助新闻编辑快速地梳理每篇文章的内容，然后提取出最重要的信息，生成简短、准确的摘要。比如你可以输入"帮我总结这篇文章"，在后面接着输入一篇文章的内容。ChatGPT会自动帮助你总结文章的核心内容，提高你的工作效率。此外，还可以根据你的提问设置结合机器翻译，如让ChatGPT读英文论文，用中文进行回答和摘要，以更好地满足你的需求。

与此同时，有论文指出，ChatGPT可以生成可信度高的科学研究论文摘要，这引起了科学家和出版专家的担忧，他们认为这可能破坏研究的完整性和准确性。研究人员已经开始解决与其使用相关的伦理问题，因为ChatGPT的输出可能难以与人类书写的文本区分开。研究人员使用了抄袭检测器和人工智能输出检测器将生成的摘要与原始摘要进行比较，并要求一组研究人员发现编造的摘要。结果表明，生成的摘要100%通过了抄袭检查器，而人工智能输出检测器发现了66%的生成摘要。但是人类审稿人的表现并不好：他们只正确识别了68%的生成摘要和86%的真实摘要。

ChatGPT的出现为自动生成文本摘要技术带来了更高效、便捷和准确的解决方案，为用户提供了优质的信息处理和获取体验。然而，我们也必须认识到，在自动生成文本摘要的过程中仍存在一定的准确性和可信度的问题。特别是在重要的科学研究领域，我们需要对ChatGPT生成的摘要保持谨慎，并结合其他验证方法来确保研究的完整性和准确性。

三、AIGC唱响未来

你是否曾经想象过，一个机器人不仅能够像人一样自由地交流，还能够像歌手一样动情地唱歌？现在，这一想象已经变成了现实，让我们一起来看看令人惊叹的技术——AIGC语音技术。

这一先进的语音技术，能够将输入的文本转化为动听的歌曲，能够实现在极短的时间内"克隆"出目标人物的声音，甚至还能够根据情感和音乐风格来自动生成不同的曲目。

（一）"生"声不息

1. 声音复制师：语音克隆

你是否听说过饶舌歌手图派克·夏库尔（Tupac Shakur）？他是一位非常有才华的音乐人，但在1996年遭到枪击身亡。然而，通过语音克隆技术，他的声音可以被复制并应用于合成新的歌曲。这种技术不仅可以保留已故音乐人的声音，延续他们的音乐传承，还可以帮助音乐人们创作新的歌曲。

语音克隆[37]的实现过程是利用人工智能技术，通过对原始音频进行学习和分析，提取出声音的特征并训练模型，最终实现声音的克隆。具体来说，该过程通常涉及记录大量人声的音频数据，通过对其进行分析和处理以创建语音模型。然后，使用AI和机器学习算法对语音模型进行训练，以了解人声的细微差别。一旦训练了模型，即使它们从未真正说出过生成的单词，也可以被用来生成听起来像该人声音的新音频。

这项技术有着广泛的应用场景，如电影配音、语音生成系统等，让人们可以享受更自然、真实的声音体验。还可以帮助那些发声有障碍或无法说话的人，通过复制他人的声音生成语句来进行交流和表达。还可被用于创造更个性化和响应式的虚拟助手，从而可以进行更自然和类似人类的互动。

2. 让文字开口说话

你是否有过这样的经历：因为太忙，没时间看新闻，于是只好打开手机，点开新闻阅读器，听一遍语音播报？这时候，你听到的那个"播报员"的声音，其实就是由文本生成语音技术生成的。

这项技术是如何实现的呢？

首先，文本生成语音任务[38]需要大量的数据来进行训练。这些数据通常包括语音和对应的文本，可以来自已有的语音库，也可以通过录制新的语音来获得。接下来，数据将被输入到深度学习模型中进行训练。模型通常是基于循环神经网络（RNN）或卷积神经网络（CNN）等设计的，它们会尝试学习语音和文本之间的对应关系。在训练过程中，模型会不断地调整参数，以最大限度地减少语音内容和文本内容之间的差距。

完成训练后，模型就可以用来承担文本生成语音的任务了。具体而言，输入一段文本后，模型会分析文本的语义和语法，并生成相应的语音输出。模型的输出通常是一组数字，这些数字包含了语音的音高、音色、音调等信息。最终，这些数字会被转化为一段语音输出。

随着人工智能技术的不断发展，文本生成语音技术的输出效果也越来越接近人类的语音。现在，我们甚至可以通过设置不同的语音音色、语速、音调等参数来让机器生成不同风格的语音，比如，有的声音温柔动人，有的声音干练利落。文本生成语音技术为人们带来了更多的便利。在智能家居设备中，我们可以使用文本生成语音技术来与设备进行交互。在游戏中，我们可以使用该技术来让游戏角色说话。在电子书中，我们可以使用该技术来让电脑朗读书籍。

文本生成语音技术可以让我们更轻松地进行沟通和交流。未来，随着技术的不断发展，我们相信文本生成语音技术一定会变得更加普及和实用。

3. 让计算机成为音乐大师

音乐生成[39]是一项利用人工智能技术，让计算机自动创作音乐的技术。这项技术可以使计算机生成各种风格的音乐，如流行、古典、摇滚等。如果你听过著名的音乐家约翰·塞巴斯蒂安·巴赫（John Sebastian Bach）的音乐，那么你可能会被那优美动人的旋律所感动。现在你可以通过音乐生成技术，让计算机生成类似Bach风格的音乐。

计算机可以从大量的音乐数据中学习，分析出音乐的结构和风格等元素，然后生成新的音乐作品。在生成音乐时，计算机可以通过调整不同的参数，如节奏、调性、和弦等，来创造出不同的音乐风格和氛围。音乐生成技术不仅可以为音乐创作者提供灵感和创作素材，还可以让人们享受到更多样化、更丰富的音乐作品。

音乐生成具体的实现过程如下：首先需要输入一些数据来训练模型，这些数据可以是大量的音乐作品，也可以是一些基础的音乐元素，如音符、和弦、节奏等。接着模型会通过学习这些数据来理解音乐的规律和特点，生成一些中间结果。在音乐生成的过程中，输出的结果是一段由计算机自动创作出的音乐作品。在这个过程中，模型需要考虑如何保持音乐的美感和连贯性，以及如何遵循一些基本的音乐理论规则。

具体实现音乐生成任务的方法有很多种，其中一种比较常见的方法是使用深度学习模型，如循环神经网络（RNN）或变分自编码器（VAE）。这些模型可以通过训练来学习生成新的音乐，其输出结果可以是一段钢琴曲、吉他弹奏曲或是交响乐等。

音乐生成技术的应用非常广泛。例如，电影和电视剧中常常需要配乐，音乐生成技术可以为制作人员提供更多的选择和灵感。此外，一些广告和商业项目中也需要使用音乐，而音乐生成技术可以帮助企业更轻松地创作出适合自己品牌和产品的音乐。最后，音乐生成技术也可以为音乐爱好者提供更多种类、更丰富的音乐作品，让人们更加享受音乐的魅力。

（二）AIGC早已能"说"会"唱"

1. 语音生成

国内语音技术的龙头企业——科大讯飞，其语音合成平台提供包括在线语音合成、长文本语音合成、离线语音合成技术、AIKit和AI虚拟人技术。

在线语音合成技术可以将文字转换成非常自然流畅的人声，同时提供超过100位发音人供用户选择。不仅支持多种语言和方言，还能轻松应对中英文混合的情况。此外，用户还可以自由地配置音频参数，以达到最佳效果。这项技术应用场景广泛，如新闻阅读、出行导航、智能硬件和通知播报等。

长文本语音合成技术主要被用于配音阅读类场景，它提供长文本合成接口，用户可以根据需求选择多种发音人，将文字转换为自然流畅的人声。它支持多种语言、多种方言和中英文混合，并且用户可以灵活配置音频参数。这项技术在有声阅读、新闻播报、出行导航等场景中得到了广泛应用。

离线语音合成技术可以将文字信息转化为声音信息，使得应用程序能够在没有网络的情况下生成语音。这项技术像是给应用程序配上了一个"嘴巴"，让它们能够像人一样说话，从而提高应用程序的便利性和可用性。

AIKit是科大讯飞基于其研发的新一代语音引擎，能够将文字信息转换为自然流畅的人声。它有很多优点，比如发音人的音色质量更好，音库也更加多样化。除此之外，AIKit还支持个性化音库定制，可以根据用户的需要进行定制，让生成的语音更具个性化。

AI虚拟人技术融合了多项AI核心技术，如语音合成、语音识别、语义理解、图像处理、机器翻译、虚拟形象驱动等，能够实现多种功能，包括信息播报、互动交流、业务咨询、服务导览等，能够满足新闻、政企、文旅、金融等多个场景的需求。

2. 音乐生成

贝多芬于1827年去世时已经开始创作第十交响曲，但由于他的健康状况恶化，只留下了一些草稿。为了完成贝多芬的第十交响曲，以庆祝这位作曲家的250岁生日，马蒂亚斯·罗德尔（Matthias Röder）找到了Playform AI公司与一批音乐史学家、音乐理论家、作曲家试图重现贝多芬的创作历程，不仅让一台机器学习了贝多芬的全部作品（包括已完成的乐曲和零星的音符，再加上第十交响曲现存的草稿），还教会了它贝多芬的创作过程（图4-10）。

图4-10　AI完成贝多芬第十交响曲

　　这个项目可以分为人的任务和机器的任务。人的任务，大家像密探一样参考着贝多芬已完成的交响曲，以破解并转录这宝贵的第十交响曲草稿，他们努力地将这些碎片拼凑起来，仿佛在解密贝多芬的意图。草稿中的每个片段都是一道难题，他们挖掘其中的奥秘，试图寻找它们应该属于哪个乐章的哪个部分。

　　机器的任务，也就是人工智能的任务，也是一系列非常具有挑战性的任务。首先，要让人工智能学会像贝多芬那样，利用一个简短的音乐主题创作出更加复杂的音乐结构。比如，贝多芬只用了四个音符，就创作出了惊艳的第五交响曲。而且，由于音乐形式的不同，延续方式也不同，机器还得学会如何处理回旋曲、三重奏或者赋格曲的结构发展过程。以上还只是冰山一角，人们还得教机器如何为旋律配置和声，使其更加丰满；机器还得学习如何将不同乐段巧妙地衔接起来；更难的是，机器还得学会谱写结尾，让音乐的高潮和尾声都完美收场。得到一首完整的作品后，人工智能还得学会为交响乐团的不同乐器编配不同的乐段，让音乐呈现出最佳状态。

最后，Playform AI经过两年多努力完成的第十交响曲，于德国波恩举行了世界首演。

除了Playform AI公司的创作项目，Algonaut公司开发了一款强大的音乐制作软件Algonaut Atlas 2，也为用户提供了多种功能。它可以通过机器学习算法创建新的节奏、和声和旋律，帮助用户找到适合其音乐项目的完美声音。

这款软件可以分析和理解用户的音乐库，创造出与用户音乐库内音乐相似的新歌曲或和声和节奏。除了能够导入和使用用户自己的音频样本，软件还带有一个现成的声音、旋律循环（loop）[①]和样本库。任何想要使用人工智能制作音乐的人都可以使用Algonaut Atlas 2软件创作新的音乐作品。

---

① loop：在音乐领域中，通常指循环或循环节，用于指代音乐中重复的节奏或片段。

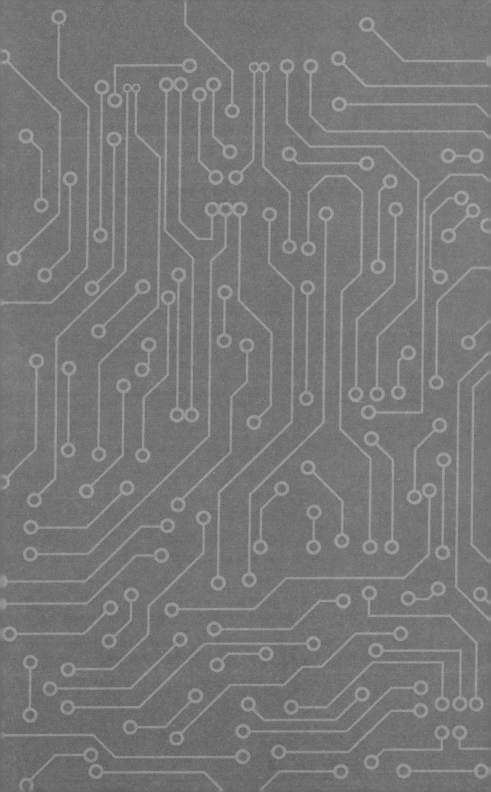

第五章

AIGC的潜在应用

一、博闻强识的工作助手

（一）装进办公应用的工作伙伴

你是否幻想过这样一个场景：在工作中，有一个聪明的小助手能帮你从烦琐的工作中解脱出来？比如，在撰写文案时，我们只需要指定标题和摘要，聪明的小助手会帮你自动完成剩下的内容。再比如，制作一份幻灯片报告，你只需要给出一个大纲，小助手会帮你生成一份内容充实的初稿。你仅需要通过简单的修改和打磨，就能在很短的时间内完成一份完美的幻灯片报告。这个小助手，不仅使我们原本的工作变得更加轻松，还可以把更多的时间从工作中解放出来，做一些更有创造力的事情，制造更多的工作产出。

这也是许多办公软件的初衷，如Office、WPS等。这些办公软件的目标是为用户提供一个统一、便捷、高效的办公环境，让用户可以轻松地创建、编辑、管理和共享各种文档，从而提高工作的效率和质量。那么，一个有意思的问题来了，办公软件和AIGC是否能结合在一起呢？

办公软件的执牛耳者微软（Microsoft）首先给出了答复。Office作为一个深入到千家万户的办公软件，稍有一点改动便需要许多专业的调研和分析，以免给不同背景的用户带来操作困难的问题。但是在2023年初，随着ChatGPT引发AIGC的热潮，微软却做出了一个震惊全球的决定：将ChatGPT集成到Office的所有应用中，这对于一个保守的大公司来说简直是难以想象的。随后，金山软件也不甘示弱，在原先WPS的基础上推出了自己的AI办公软件集成。AIGC赋能个人工作的时代来了。

接下来，让我们来了解一下，AIGC时代的办公软件将会发生什么样的变革。首先是文字内容创作上的变革，我们以微软的Office为例，集成到Office中的ChatGPT又叫Copilot，它可以根据用户的提示生成文档，如产品介绍、调研报告等。例如，用户只需要在Word中打开Copilot，然后输入一个标题和一个开头，如"AIGC：人工智能自动生成内容的神器"，就可以让它为用户生成文档的初稿。用户可以对生成的初稿进行修改或者优化，如添加段落、总结要点、重写部分内容等。用户还可以指定内容的语言风格和篇幅，如正式或者幽默，长篇或者短篇等。这大大节省了内容创作需要的时间和精力，让用户可以更加专注于内容本身。

除了文字内容上的创作，用户还可以对视觉内容进行创作，如设计幻灯片、海报等。根据用户提供的内容，如文字、图像、视频等，智能的办公软件可以协助生成合适的布局、主题、背景等元素，帮助用户创建漂亮的幻灯片。同时，这也可以结合大语言模型的文本生成技术，根据用户提供的一个简单的提示，如"AIGC发展趋势报告"，通过文本生成技术生成相关的内容，并添加到幻灯片中。

除了内容生成类的应用，办公软件还有一个重要的需求就是记录和总结。对会议记录而言，用户可以在办公软件中选择一个会议记录，如一段视频或者一份文档，就可以让人工智能助手为用户生成一个会议记录的摘要。对于邮件内容，用户可以在邮箱中打开人工智能助手，然后选择一封邮件，让人工智能助手为用户生成一份邮件内容的摘要。用户看到人工智能助手生成的摘要后，可以对其进行修改或者优化，如添加细节、修改语气和删除无关内容等。

（二）信息搜集：从检索到生成

当下，搜索引擎已经成为我们网络生活的一个重要组成部分。在很长的一段时间内，它是我们进入网络世界的重要入口。20世纪90年代以来，主流搜索引擎的思路都是使用匹配算法对用户提出的关键词与相应的网站进行匹配和排序。这种基于检索的搜索引擎，依托于爬虫、索引、检索和排序等多种技术，为用户提供快速、高相关性的信息服务。国内常见的搜索引擎有百度、360、搜狗等，国外的有谷歌、必应等。它们常见的商业模式都是在搜索结果中放置广告，通过用户的点击向广告商收取费用。它们的主要功能是提供全文搜索，即能够对大量的文本进行快速索引和搜索。

经过长年的发展，搜索引擎技术已基本成熟，每个搜索引擎的用户份额也基本固定。其中，谷歌以其独特的搜索技术和排序算法，给用户带来了优质的体验，占据着国际搜索引擎领域的绝对性优势（超过90%）。搜索引擎带来的巨额广告利润，让其他互联网公司巨头（如微软等）非常眼红，但是由于谷歌技术的成熟和用户人群偏好的固定，其他搜索引擎公司纵使穷尽方法，其份额也很难获得明显的提升。如微软的必应，在国际市场上所占的份额常年仅有3%左右。

但是，随着ChatGPT这样的AIGC的出现，搜索引擎迎来了自发明以来的一次重大变革。市场份额本已不高的微软必应决定做一次非常大胆的尝试：将对话模型集成进搜索引擎！自此，生成式搜索（generative search）的概念诞生。这种基于生成模型的搜索引擎是一种会根据用户需求与推荐算法，运用特定策略从互联网海量信息中检索出匹配信息，并生成新内容和新观点反馈给用户的检索技术，为用户提供更智能、更个性化的信息服务。目前这种基于生成模型的搜索引擎还处于发展阶段，最具代表性的是ChatGPT的新必应（New Bing），它是一个能够直接以对话的方式回答用户问题的人工智能平台。它与传统搜索引擎不同的地方在于，它可以对查询结果给出对话式响应，而不仅仅是推荐网站的链接。同时，与单纯的聊天机器人ChatGPT相比，新必应会同时提取用户问题中的关键词进行检索，在回答的内容中加入检索到的内容，极大地提高了生成内容的可信度。

例如，如果你用常规的搜索引擎（如百度、必应等）查询"北京天气"，你可能会得到一些网站链接，如天气预报网站或新闻网站等。但如果你用基于生成模型的搜索引擎查询"北京天气"，你可能会得到一个类似这样的回答："北京今天多云转晴，最高温度24℃，最低温度12℃，空气质量良好。明天有小雨，温度下降到10～18℃。"这样的回答更直接，对用户来说更友好。

在提供更智能、更个性化、更有创造力的信息服务，满足用户多样化需求和偏好的同时，生成式搜索也面临着很多局限性和挑战。其最大的问题是算力的问题。和传统的基于检索词的搜索引擎相比，生成式搜索需要消耗大量的算力。因为传统的搜索仅仅需要完成匹配和排序的任务，生成式搜索还需要对获取的结果进行凝练的总结和重排，每次的搜索结果都需要运行大语言模型，计算成本非常高昂（是传统引擎的10倍以上）。摩根士丹利的估算显示，2022年用户在谷歌上每执行一次搜索，谷歌的成本为0.2美分。如果放置一个像Bard这样的聊天机器人AI，到2024年谷歌的成本可能会增加多达60亿美元。其次，由于生成模型本质上是一种概率模型，并没有显式的机制来保证生成内容的真实性和准确性，部分生成结果可能与事实完全不符，如混淆事件的对象和时间、捏造事实等。虽然这种现象在引入传统的搜索结果之后能得到一定的改观，但其准确性仍然无法得到保障。同时，生成的内容可能会涉及版权或隐私等法律问题，因此可能会侵犯其他人的权益或隐私。

生成式搜索把列举互联网上的内容转换成自然语言，大大提高了搜索内容的可读性，带来了新一代搜索引擎的巨大想象空间。但是目前也存在着许多无法忽视与难克服的问题亟待解决。

二、以人为本的AIGC

（一）构建数字人

数字人是指利用计算机技术模拟出的具有真人外貌和动作的

虚拟形象，它可以被用于教育、娱乐等多个领域，是人类形象在互联网上的虚拟化表达。在通用的大语言模型出来之前，数字人的一言一行其实都需要人类来进行操作，或者使用一些简单的规则进行控制。现在，有了ChatGPT这种通用的对话模型之后，我们可以把ChatGPT装进数字人的身体中作为它的"大脑"，让数字人真正具有思考的能力。

既然有了最核心的"大脑"，我们如何为数字人构建一个合适的数字载体呢？一个完整的数字人，首先需要有逼真、自然的外观。传统创建数字人外观的方法一般被分为扫描和建模两种。基于扫描的方法一般是利用摄像头捕捉真人的面部表情和动作，并将其转换成数字人的动画数据。同时，使用激光扫描仪扫描真人的头发和皮肤细节，来生成数字人的头发和皮肤贴图。基于建模的方法一般利用对应的3D软件来创建数字人的基本形状和骨骼结构，然后通过后期处理为数字人添加颜色和纹理。

这些方法可以创建逼真的数字人形象，但是需要消耗大量的人力、物力。一个数字人的创建和运营，其背后往往需要一个相当大的团队。这样高昂的内容创作成本，也在很大程度上限制了数字人产业的发展。但是，随着AIGC的发展，这一局面逐渐发生改变。在以前，画作创作往往需要画师们呕心沥血地工作付出，而现在对于AI来说只需要几秒钟的时间，这一现象逐渐扩展到了数字人设计领域。现在，通过AI自动生成数字人外观的技术已经出现了。通过3D生成模型，AI可以直接生成可用的数字人建模。一种常用的做法是使用一个神经网络将三维空间坐标和视角方向作为输入，输出该位置处的表面颜色等视觉信息，并通过计算机图形学中的渲染方法得到不同视角下的场景。这类方法可以从稀疏的二维图像中重建出连续的三维场景，并且可以从任意视角合成新的图像。与传统的建模方法相比，这种方法可以直接生成所需的三维模型，大大节省了构建数字人外观所需的时间，让数字人形象得到大规模普及成为可能。

除了数字人的外观，我们还需要让数字人具有语言能力。这一步是利用语音合成技术，根据文本或语音输入，生成数字人的语音输出。常用的方法有语音克隆和语音转换。语音克隆是利用深度学习和迁移学习技术，根据少量的真人语音样本，训练出一个能够模仿真人发音的语音合成模型。语音转换是利用深度学习和迁移学习技术，将原说话人的声音转换为目标说话人的声音，同时保留原说话人的风格特色。通过语音合成技术，现在数字人终于也能像人类一样使用声音进行交流，而不仅仅局限于之前的文本对话形式。

除此之外，怎么让已有的数字人动起来也是一个重要的问题，其中最基本的要求是数字人的嘴型和表情需要和文字发音相对应。这种数字发声功能可以这么来实现：首先使用一个音频分析模块，从音频中提取声学特征，如韵母发音、带宽、音高等。然后使用一个人脸模型驱动模块，根据提取的声学特征，计算出人脸模型的嘴唇运动和面部表情参数。最后使用一个渲染模块，将人脸模型的参数和给定的人脸图像结合起来，生成数字人对应的说话视频。这种方法的关键是建立一个准确的声学特征和面部动作之间的映射关系，让文字发音能够自然转换为面部动作的序列。

AIGC 妙笔生花

110

通过以上的方法，我们可以为数字人在互联网中构建一个虚拟的身体，再以大语言模型作为神经中枢，构建一个可以广泛应用于各种原本需要人类服务的场景的、交互性极高的虚拟形象。数字人的未来前景十分广阔，随着技术的不断进步和应用的不断拓展，数字人有望成为元宇宙中的主角，与真实世界中的人类进行更深层次的交流和合作。而通过这一系列技术，我们有望用低廉的成本对元宇宙进行高质量内容的填充，加速元宇宙技术的落地。

（二）像人一样自主行动的AutoGPT

你有没有想过，有一个AI助手，能够帮你做任何你想做的事情，比如写文章和代码，订机票和外卖？这个AI助手不需要像ChatGPT那样需要人类一步一步地进行引导，而是可以自主地朝着给定的目标前进，并调用外部的浏览器、应用软件来完成这个目标。这就是AutoGPT的目标，它是一种新型的AI技术，能够根据不同的情境生成文本和代码，并且能够通过从互联网和其他工具中学习来不断提升自己对任务的理解与应答能力。这项新技术得到了许多AI界的科学家和工程师的盛赞，在短短一个多月内就在知名代码托管平台GitHub收到了10万以上的点赞。

AutoGPT的核心是OpenAI开发的最新、最强大的语言模型GPT-4。AutoGPT不像之前的语言模型（如ChatGPT），只能根据用户给的提示生成文本，它还能理解用户用自然语言给出的目标，并且把目标分成一系列小任务，然后利用互联网和其他工具自动完成这些任务。这就意味着AutoGPT能够自己干活，不需要人类每一步都告诉它该怎么做。这种自主性对AI而言非常重要，因为它可以解决人类难以解决或者没有时间解决的复杂问题。它还可以从自己的经验中学习，并且随着时间的推移变得更加高效。

AutoGPT究竟能做些什么呢？我们可以举一些AutoGPT应用的例子。比如，我们可以使用AutoGPT来经营一个淘宝店：它可以写出吸引人的介绍，管理库存，回答客户的问题，甚至还可以给店铺做广告。它可以帮你写代码：不论是用Python、Java还是C++等语言，它都可以编写满足需求的代码甚至形成一套软件，并检查错误与测试效果。如果你需要的话，它还可以给你的代码加上注释和说明文档。它也可以帮你举办一场重要活动：列出来宾名单，发出邀请，订好场地，买好食物和饮品。AutoGPT也可以让你更有创意：它可以给你写诗歌、故事、文章、歌词，等等。它还可以给你提意见和建议，提高你的写作水平……是的，这就是一个具有自主性的AI模型能完成的任务，从这些简单的例子中，我们可以窥见它的无限潜力。

AutoGPT究竟是如何完成这样具有"魔法"的任务呢？目前，它的内核是GPT系列的大语言模型。这些语言模型的输入输出都是以自然语言文本的形式进行的，需要用户不断地与其交互才能实现其强大的功能。AutoGPT最大的贡献在于，它把这个交互的过程自动化了。用户只需要给定一个最终的目标，比如"策划一个活动"，AutoGPT就会利用大语言模型强大的能力，自动把目标分成一些小任务，并且自己与自己进行交互。AutoGPT还可以利用互联网和其他工具来找信息并完成这些任务。比如，如果目标是策划一个活动，AutoGPT可能会自己向自己提要求："在我附近找场地""比较价格和评价""预订最好的选项""给客人发邀请"等。由此把一个复杂的任务拆分成了一系列更简单的小任务，帮助它自己更好地完成这一系列的任务，并且在这个过程中不需要人类进行交互和干预。在这之后，AutoGPT使用语言模型为每个子任务生成文本或代码等解决方案，并且用互联网或其他工具执行它们。AutoGPT还可以用一个记忆系统来存储和回忆信息，这样它就能记住任务的背景和进度。AutoGPT甚至还可以给自己创建新的任务，安排任务的优先级，并且检查自己的工作。

相对于ChatGPT，AutoGPT在完成各种复杂的任务上有更强大的优势，可以大大节省用户的时间和精力。它还可以从自己的经验中学习，不断提高自己的效率。但是，作为一个新兴的AI技术，AutoGPT可能也会存在许多隐患。首先，AutoGPT可能不够准确与可靠，由于自身的训练数据集和互联网上真假难辨的信息来源，它可能会生成一些错误或过时的信息。因此，使用AutoGPT时，需要注意检查和评估它的输出，避免出现误导。其次，AutoGPT也可能存在一些道德问题和风险，如侵犯版权、误导用户、被滥用等问题。另外，AutoGPT可以生成各种内容，但这些内容可能涉及他人的知识产权，或者违反一些规则和法律。AutoGPT也可能会生成一些有偏见或不适宜的内容，影响用户的判断或情绪。AutoGPT还可能被一些不法分子用来做一些危害社会或个人的事情，如诈骗等。

虽然只出现了短短几个月（2023年3月），AutoGPT现在已经逐渐成为人工智能助手的发展方向，引领工具类AI的变革。AI与人类的关系已经越来越密切，不难判断，未来AI将会以伙伴的身份陪伴在我们身边，协助我们完成各种各样的工作和日常生活中的事务。

三、影视传媒的未来方向

（一）内容创作：AI与人类的双剑合璧

影视传媒的核心是内容，而内容的创作需要人类的想象力、创造力和表达力。但是，人类有时候会遇到灵感枯竭、时间紧迫、资源不足等问题。这时候，AIGC就可以发挥它的作用，成为人类的合作伙伴，帮助人类创作出更多更好的影视内容。

随着ChatGPT等智能内容创作工具的广泛应用，影视传媒领域的相关从业人员越来越多地使用其来辅助日常的创作过程。它可以根据人类的输入或指示，自动或协同地生成影视剧本、角色、场景、音乐、特效等元素。机器生成的内容不仅可以给人类提供灵感和参考，还可以根据人类的反馈，不断地进行优化和完善。

AI可以在不同的创作阶段发挥不同的作用。例如，在前期策划阶段，AI可以根据人类提供的主题、风格等信息，生成一些故事梗概和角色设定等供人类选择或修改。在中期制作阶段，AI可以根据剧本和素材等信息，生成一些画面和配音等。在后期发布阶段，AI可以根据受众和反馈等信息，生成一些宣传和推荐材料。

　　AIGC在影视传媒的各个领域都有广泛的应用。对于新闻创作，新闻机构可以使用AIGC技术来辅助新闻报道。AI根据各种来源的信息，自动生成标题、摘要、正文等内容，还可以补充生成一些背景知识和分析评论，方便读者阅读。在剧本创作方面，编剧可以使用AIGC技术来生成剧本草稿或修改剧本细节。根据编剧给出的一些要素或设定，AI可以反复生成其创作的内容，编剧可以不断完善其生成的故事细节。

　　AIGC与人类的合作有着巨大的优势。AIGC可以利用大量的数据和算法，快速地生成多样化和高质量的内容，节省人类的时间和成本，让人类从烦琐的细节中解放出来，专注于更重要的创意和决策。同时，AI也可以根据人类的需求和反馈，不断地优化和改进内容，让内容更符合人类的标准和期望，与人类形成互补、协同关系。

　　但是，AI生成的内容也可能遭到滥用，对非专业人士造成误导，在使用生成的内容时需要人类来进行判断。如果使用时不加分辨，肆意将生成的不知真假的内容在网络上传播，可能会误导大众。比如，著名的程序员技术交流网站Stack Overflow就明文禁止发表由ChatGPT生成的内容，以避免对其他用户造成错误的指导。在国内，许多内容平台（如知乎等）也出现了越来越多的AI生成的回答，一定程度上降低了内容的真实性和可靠性。另外，AIGC可能缺乏人类的情感和思考能力，导致内容过于机械化或平庸，严重影响观感。

　　最后，我们来谈谈应该如何更好地利用AIGC。如何与AI进行协作从而产出更好的内容呢？我们应该把AI视为一个合作伙伴，而不是竞争对手。我们应该充分利用AI的数据和算法优势，让AI生成多样化和高质量的内容，给我们提供灵感和参考；同时，也应该充分发挥自己的想象力、创造力和表达力，对AI生成的内容进行评价和修改。人类与AI之间应该形成一种互补和协同的关系，共同创作出更多更好的影视内容。这种协作既有利于提高影视传媒内容的水平和价值，也有利于促进影视传媒的创新和发展。

（二）更智能的创作工具

影视传媒的魅力在于，它可以用声音和画面，讲述一个个精彩的故事，打动一个个观众的心灵。但是，故事的创作并不容易，它需要人类付出大量的时间、精力和资源。这个时候，我们可以利用AIGC工具来大大缩短创作流程。除了直接进行内容的生成，我们还可以利用基于AIGC的各种智能创作工具来辅助创作。

我们来具体介绍一下几个典型的基于AIGC的应用场景。比如字幕生成，AI可以根据视频中的语音或文本，自动识别出对应的字幕，并且可以支持多种语言和字体。视频作者不需要再费心地打字或翻译，也不需要再担心字幕的错别字或格式问题。这样可以节省视频作者的时间，也可以提高观众的观看体验，还可以扩大视频的受众面与国际化影响。再比如，提高视频的清晰度：AI可以根据视频的原始分辨率和画质，自动进行视频的画质提升，提升视频的观感，丰富画面中的细节。这样可以让老旧的视频重获新生，也可以让高清的视频画面变得更加细腻。在经典影视作品修复方面，修复人员可以使用智能视频剪辑软件来提升老旧影片的画质和音质，并且修复其中的瑕疵和损坏。它可以根据影片的原始画质和音质，自动进行影片的清晰化和降噪，并且可以根据影片的风格和色彩，自动进行影片的色彩校正和增强。这样可以让经典影视作品重获新生，延续其艺术价值和文化价值。还有配乐生成，AI可以根据视频的内容和风格，自动选择或创作合适的背景音乐，并且可以根据视频的节奏和氛围进行音乐的调整和混合。这些智能创作工具的辅助创作可以让视频更加生动、富有感染力。

除了这些常见的应用场景，还有一些更为创新和前沿的应用场景，如虚拟场景合成。这是一种利用AI技术来自动生成逼真的3D场景，并将其与真实拍摄的视频进行无缝融合的工具。它可以根据人类提供的素材或场景等信息，生成一些虚拟的建筑、植物、天空等元素，并且与真实视频中的光照、阴影、透视等效果进行匹配和调整。这样可以大幅度地扩展和提升影视作品的想象空间和视觉效果，无须花费大量的时间和金钱来搭建实景。

这些有趣的应用展示了智能创作工具的巨大潜力。这些基于AIGC的工具可能现在还无法达到和专业从业人员完全一致的水平，但是已经能为影视作品提供一个非常不错的初稿，大大节省人工耗费的时间和精力，提高工作效率。而且随着数据的不断增多和模型的不断训练，这些工具的性能将会得到进一步的提升。我们可以想象，AIGC可以为影视作品真正地插上翅膀，用较低的成本创作出精美逼真的影视作品。甚至不具备专业知识的普通大众也能借助这些工具进行个人创作，自由地表达自己的观点和想法。在未来，也许人人都是自己的导演。

第六章

AIGC
路在何方

一、技术的趋势

随着技术的不断发展，AIGC已经在过去几年里经历了巨大的变革，一直在不断创新和突破。在算法上的发展趋势已经越来越向多模态算法倾斜，这使得AIGC能够结合不同模态的数据，从而获得更多的信息。此外，随着算力的增长，AIGC在处理复杂数据时的表现也越来越出色。现在，让我们一起来探索AIGC在多模态上的进化之旅吧！

（一）多模态：向人类看齐的模式

1. 多模态生成/多重视角的创作

随着人工智能的不断发展，多模态人工智能技术[40]（即能够实现基于文本、语音、视觉、生理、动作等多模态数据的技术）逐渐成为研究热点。例如，现在我们常见的语音识别系统是单模态的，只能识别声音，而多模态人工智能技术可以结合视觉、语音、动作等多种信息，实现更加准确的识别和分析（图6-1）。

基于多模态的人工智能生成任务具体包括图像—文字生成[41]、图像—音频生成[42]、音频—文字生成[43]任务。例如，在图像—文字生成任务中，可以让模型自动为一张图片生成对应的文字描述，这对于许多需要自动生成图像描述的场景非常有用，例如，自动为社交软件上的图片添加标签描述（图

6-2），或者自动生成图书馆中图书的简介。

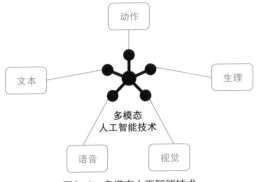

图6-1　多模态人工智能技术

用户A
2022.6.3　20:14

图片内容可能是：披萨、食物

用户B
2022.6.3　19:28

图片内容可能是：猫

图6-2　社交软件自动生成图像标签描述

我们要让机器生成一段描述图像的文本，传统的方法是需要将图像和文本分别输入不同的模型，然后再将两者结合起来生成文本。而多模态模型可以直接将图像和文本输入同一个模型，让模型自己理解两者之间的关系，从而生成更好的描述文本。在游戏领域，多模态AI技术也被广泛应用。例如，我们可以使用多模态AI技术来构建一个虚拟角色，让它不仅能够听从玩家的指令，还可以通过计算机视觉和传感器来识别玩家的动作，进而实现更加智能的交互。这样的虚拟角色就可以更好地融入游戏世界中，给玩家带来更加沉浸式的游戏体验。

除了游戏领域，多模态模型也有其他应用领域，比如虚拟助手、教育和培训等。多模态模型可以帮助人们创造更多类似人类的虚拟助手，这些虚拟助手可以理解自然语言、情感和背景，并以更自然和个性化的方式做出反应。在教育和培训领域，多模态模型可根据学生的学习偏好和进步程度来为学生生成个性化的学习内容（如视频、动画和测验）。

2. 大模型给你的想象力充能

多模态生成式大模型[44]能够处理多种不同类型数据的大规模预训练模型，如文本、图像、音频等，可以想象成一个能够同时处理多种信息的"大脑"。与传统的深度学习的端到端训练模型不同的是，多模态生成式大模型通常是采用"预训练+微调"的训练策略。其通过在数据中心进行预训练能使机器可以更好地理解和处理多种不同类型的数据，再针对实际任务要求进行微调，从而更好地完成各种下游任务。

除了第三章提到的DALL-E系列的文—图多模态模型，结合了预训练的BERT图像重构模型（BERT pre-training of image transformers，BEiT）系列模型也是备受瞩目，它在视觉和语言处理任务上表现出色，可以应用于多种任务，包括目标检测、实例分割、语义分割、图像分类、视觉推理、视觉问答、图片描述生成和跨模态检索等。其中最新版BEiT-3[45]的优势在于它针对不同模态采用了统一的骨干网络——多路Transformer，可以轻松地处理不同的下游任务。另外，BEiT-3仅使用了一个统一的掩码数据建模作为预训练目标，其表现出来的泛化性能对于更大模型的训练更加友好。

另外一个不得不提的大模型就是盘古大模型。在2021年4月25日，华为发布了盘古大模型，该模型由华为云、鹏城实验室联合开发，鹏城云脑Ⅱ提供算力支持，是业界首个千亿级生成和理解中文NLP大模型。

盘古大模型由NLP大模型、CV大模型、多模态大模型、科学计算大模型等多个大模型构成，通过模型泛化，解决了在传统AI作坊式开发模式下不能解决的AI规模化、产业化难题，可以支持多种自然语言处理任务，包括文本生成、文本分类、问答系统等。其中多模态大模型具备图像和文本的跨模态理解、检索与生成能力。

（二）算力未来

1. 大算力的需求

强大的AI模型算法通常需要庞大的参数量作为支撑，而现今已知的大模型参数规模已经达到万亿级别，这意味着需要极其庞大的数据量来驱动这些算法。同时，数据量的大小与深度学习算法的准确度之间存在着正相关的关系。但是，数据量越大，对计算机算力的需求也呈现指数级别的增长。这是因为人工智能演变的底层计算方式是矩阵的运算，而矩阵的维度代表着数据特征的维度。一般来说，数据维度越多，模型参数量越多，模型就越复杂，准确度也会更高，但对算力的需求也会更大。

随着人工智能技术的发展，越来越多的企业和研究机构开始投入大量的资金和人力资源，用于发展人工智能模型和算法。然而，人工智能模型和算法的训练和推理需要大量的计算资源，这也成为人工智能技术发展中的一个瓶颈。因此，随着人工智能技术的不断发展，计算能力的提升和模型、算法的优化也成为一个重要的趋势。

AIGC模型的训练也需要大算力，随着ChatGPT的出现，AIGC掀起了算力技术的升级扩容的浪潮。谷歌不仅在研发算法方面紧急推出了以LaMDA[46]为底层算法的ChatGPT对标产品Bard[47]，还通过对算力基础设施的投资规划，表现出了其对AIGC前景的信心和对争夺AIGC市场的决心。据悉，2023年3月8日，在摩根士丹利科技公司传媒及电讯会议上，谷歌的CFO露丝·波拉特（Ruth Porat）透露，谷歌将在数据中心和服务器等算力技术设施方面增加预算，以应对未来对算力需求的增长和市场竞争的压力。这意味着谷歌不仅在算法方面不断探索创新，也在算力基础设施的投入上下足了功夫。

2. 蓄势待发，国内趋向确切

在新一代人工智能AI模型的竞争中，百度和谷歌再次走到了一起。谷歌在2018年发布了名为"BERT"的AI模型（图6-3），这个名字来源于美国著名儿童节目《芝麻街》中的一个角色。而和Bert住在一起的好朋友，就叫作ERNIE。于是，百度在2019年推出了自己的AI模型[48]，取名为"ERNIE"。

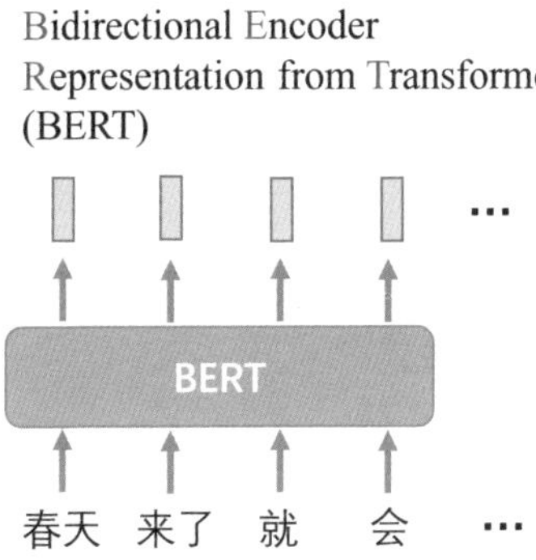

Bidirectional Encoder
Representation from Transformers
(BERT)

图6-3　BERT

前面提到的ERNIE，也就是现在的文心大模型，它是类似于OpenAI GPT的模型。在经过多次迭代之后，文心大模型已经逐渐从单一的自然语言理解扩展到包括视觉、文档、文图、语音等多模态多功能。这意味着它能够更好地处理各种不同形式的信息，具备更强的泛化能力。

文心一言（ERNIE Bot）是基于ERNIE系列模型开发的一种类似于ChatGPT的聊天机器人。ERNIE系列模型是百度自然语言处理部门推出的一种预训练模型，具有深度学习和自然语言处理的能力。由于文心大模型的成功，ERNIE系列模型也得到了不断的迭代和完善。因此，文心一言具备强大的语言理解和生成能力，可以帮助人们更加便捷地进行各种文本生成任务。

2022年年初，百度又发布了ERNIE 3.0 Zeus，这是ERNIE系列模型的最新版本，它的参数规模已经达到了千亿级别。

2023年2月24日，国务院新闻办公室就"深入实施创新驱动发展战略，加快建设科技强国"召开了发布会。会上，科技部高新技术司司长陈家昌表示："下一步，科技部将把人工智能作为战略性新兴产业，作为新增长引擎，继续给予大力支持。一是推动构建开放协作的人工智能创新体系，加快基础理论研究和重大技术攻关。二是推动人工智能与经济社会深度融合，在重大应用场景中锤炼技术，升级迭代，培育市场。三是推动建立人工智能安全可控的治理体系。四是全方位推动人工智能的开放合作。"由此可见，政府在支持和引导人工智能方面的态度是积极明确的。

我国算力资源的分配不均，导致了东西部的差距越来越大，不仅影响到各地区的发展，还妨碍了全国数字经济的高速均衡发展。因此，在国家的扶持下，2022年"东数西算"工程正式启动，让西部的算力资源得以充分地支撑东部数据的运算，更好地为人工智能与数字化发展赋能。"东数西算"工程是我国未来人工智能产业高质量发展的必然选择（图6-4）。

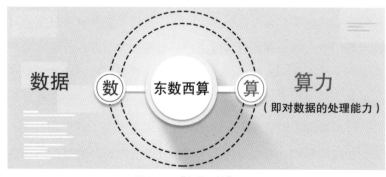

图6-4　"东数西算"工程

二、给AIGC"戴"上紧箍咒

AIGC的不断发展，无疑给我们的生活带来了很多便利。但同时也带来了一些问题，如版权的问题以及数据安全的风险。作为一项技术，我们不能因为其带来的便利而忽略了这些问题，因为这些问题可能会对我们的生活产生不良的影响。

（一）隐私安全，不容忽视

随着人工智能技术的不断发展，AIGC正在成为一个热门话题。AIGC可以通过机器学习、自然语言处理等技术生成各种文本、图像、音频等内容，使得人们可以更加高效地完成各种创意工作。但我们在应用过程中需要注意保护个人隐私，只有这样，我们才能更好地利用AIGC技术，推动各个领域的发展。

据报道，微软公司已向其员工发出警告，要求他们不要与ChatGPT共享敏感数据。公司指出，由于OpenAI公司可能会将这些数据用于训练未来的模型，因此存在数据泄露的风险。亚马逊也发布了类似的警告，要求员工谨慎与ChatGPT共享代码，以避免机器人获取敏感信息。由于越来越多的大公司对数据隐私给予了关注，OpenAI已经将与ChatGPT有关的公司数据和隐私政策问题列入了常见问题解答页面。OpenAI的服务条款规定，该公司有权利使用ChatGPT用户生成的所有输入和输出，并在使用数据时删除所有个人身份信息。然而，有学者认为，OpenAI几乎不可能从提供给ChatGPT的数据中识别并删除所有个人信息。这引发了一些担忧，因为对于那些需要保护数据隐私的公司来说，他们可能需要寻找其他产品替代ChatGPT。

所以当我们在使用AIGC技术时，需要确保所使用的数据已经过充分的匿名化和脱敏处理，以保护数据主体的隐私。此外，我们还需要遵守相关的隐私保护法规和规范，确保个人数据得到合法使用。

（二）AIGC的产物，你的还是我的？

1. 人工智能著作权第一案

Dreamwriter是腾讯公司的一套智能写作系统，可以根据读者需求和历史股市数据，自动创作股市财经文章。2018年8月，Dreamwriter写了一篇文章并在腾讯证券网站上发表。一家公司复制了该文章并在自己的网站上发布。腾讯公司认为这侵犯了他们的著作权并将其告上法庭。法院认为，这篇文章符合著作权法对文字作品的保护条件，尽管它是由Dreamwriter生成的。被告侵犯了原告的信息网络传播权，并被判赔偿1500元人民币的经济损失和维权费用。这个判决为智能写作技术的知识产权保护提供了有力支持，对于该技术的发展和应用也具有重要意义。人工智能为了生成真实或逼真的内容，需要及时更新自己的训练数据来源，这意味着它们会捕捉和学习互联网上的所有数据，生成的内容便可能侵犯了用户隐私和知识产权（图6-5）。

图6-5　人工智能写作

2. 从算法训练到生成结果的侵权风险

版权，亦称著作权，指作者或其他人（包括法人）依法对某一著作物享有的权利。对于AIGC的版权侵犯问题，我们主要从算法训练阶段和结果生成阶段来讨论。

AIGC算法的训练过程需要大量数据，包括从互联网上获取的文本和图像等现有作品。然而，这个过程可能会复制现有作品的数字副本，存在侵犯版权的风险。美国专利商标局指出，这个过程肯定会涉及对完整作品或其部分的复制。例如，OpenAI承认其程序是在包括受版权保护作品的大型公共可用数据集上进行训练的，而这个过程一定会先获取所需数据的副本。如果未经版权所有者的许可就创建这样的副本，可能会侵犯版权所有者对其作品进行复制的专有权利。

除了训练过程，AIGC算法所产生的结果如果与现有作品极为相似，也可能引发侵权问题。有两种生成结果值得特别关注：一种是生成涉及虚拟角色的作品，另一种是生成带有特定艺术家风格的作品。对于前者，考虑到某些虚拟角色受法律保护，因此可能存在侵权风险。至于后者，鉴于版权法律通常仅禁止抄袭作品而非艺术家风格，然而部分艺术家可能担忧AIGC的能力可能大规模生成与其风格相仿的作品，从而可能影响作品的独特性。

3. 谁来承担责任？

假设你想用AIGC生成一些酷炫的作品，但你未必能够意识到这可能会侵犯他人的版权。那么问题来了，如果这些生成的作品侵犯了他人的版权，到底该谁负责呢？根据现有原则，无论是你还是AI公司，都可能需要承担责任。如果你直接侵犯了版权，那么肯定得自己承担责任，但就算你没有将侵权作品用于商用途或进行非法交易，AI公司也可能会因为"间接侵权"而受到责任追究。这意味着，如果AI公司有权力和能力监督侵权行为，并且从这些行为中获得了直接的经济利益，他们也有可能需要承担责任。我们从艺术家集体诉讼使用Stable Diffusion的三家AI绘画公司的案件也可以了解到，被告AI公司在侵权方面负有间接责任。

（三）数据安全为AIGC保驾护航

1. AIGC生成的数据真实可信吗？

AIGC技术生成数据的真实性和可信度一直是人们关注的焦点。AIGC技术能够生成极其逼真的数据，这些数据难以分辨真假，增加了数据的误导性和不确定性。像ChatGPT这样的模型生成的内容虽然看上去合理，但是在真实性上是存疑的，有时候还会生成与事实相违背的答案。因此，在使用AIGC生成数据时，我们需要对AIGC技术生成的数据保持警惕，不要盲目相信并谨慎使用，尽可能地仔细评估数据的可信度，以避免潜在的风险和误导。

另外，深度伪造技术（Deepfake）[49]制造的虚假信息，也会产生严重的后果。深度伪造技术是基于深度学习的人物图像合成技术，可用于制作虚假的文本、音频、视频等内容。恶意使用该技术可能导致虚假信息的传播，部分人可能会模拟某个人的语言或行为方式进行破坏公共利益的犯罪行为。

2. 多方保障生成可信度

AIGC生成的数据的可信度受到多方面因素的影响，如数据的来源和生成算法的准确性。

数据的来源对于生成数据的可信度至关重要。如果训练数据集不够全面、不够准确、不够丰富，就会影响生成数据的质量和可信度。目前大部分数据来源都是互联网，但其中很多数据存在错误或不准确。这些数据被用于训练AIGC模型，进而生成新的数据，新生成的数据又被新一代的AIGC模型用于训练。因此，如果存在错误数据，则这些错误可能会被不断叠加并在大模型中固化，解决起来也会更加困难。因此，确保生成数据的可信度非常重要，可以采取多种方法来验证和纠正数据，以确保生成的数据是可信的。

AIGC的生成算法也是影响数据可信度的关键因素之一。AIGC的生成算法通常是基于神经网络的深度学习模型，这些模型需要进行训练和优化，以获得更准确的生成结果。如果模型的训练不足或者模型设计有误，就会影响生成数据的质量和可信度。

为了提高AIGC生成数据的真实性和可信度，研究者们提出了许多评估指标和方法，如基于模型的度量方法[50]和事实核采样算法（factual-nucleus sampling algorithm）[51]，以及利用人工反馈进行优化答案质量的模仿学习方法。虽然这些方法提高了AIGC生成数据的真实性，但在处理涉及矛盾或未知问题的新领域时，仍面临着挑战。

三、挑战与机遇并存

AIGC的发展前景充满了机遇与挑战。随着技术水平的不断提高，AIGC的应用场景也将不断拓展，但同时也需要面对一些难题。例如，AIGC算法的可解释性问题仍然是一个亟待解决的问题，需要开发更好的方法来理解和掌握AIGC的生成过程。此外，AI的伦理问题也需要得到关注，确保AIGC的应用不会对人类造成伤害。

（一）探索AIGC黑盒：可解释性

1. AIGC为什么要可解释？

随着机器学习的发展，深度学习应运而生，也是因为深度学习和计算机性能的发展，人工智能才得以走进AIGC时代。但是和传统机器学习[52]不同的是，深度学习绕过了人为提取特征、人为判断规律的过程，这也导致了模型的可解释性极低。

和AI算法一样，AIGC算法往往也缺乏可解释性，这使得我们很难理解生成结果是如何产生的，从而难以信任这些结果。就像我们使用AIGC算法生成一段关于宇宙的介绍时，如果只能看到生成出来的文字介绍，我们可能会觉得这些介绍确实是围绕着这一主题在描述的，但如果没有通过科学材料佐证，我们就不能轻易相信这段介绍，更不能直接使用这段生成的文字进行教育、商业或者科普等用途。

联合国的《人工智能伦理问题建议书》[53]将人工智能的可解释性界定为"让人工智能系统的结果可以理解，并提供阐释说明"，也包括"各个算法模块的输入、输出和性能的可解释性及其如何促成系统结果"。AIGC算法同样也需要给我们提供容易理解的解释和说明，让我们知道AIGC算法生成内容的方法以及其生成结果的可信度。

2. 解密黑盒，用AI解释AI

面对黑盒问题，目前对可解释AI的探索实践主要有两种方法。通过这两种方法，揭开AI黑盒内部机制，使其成为一个更加透明、可信、易于理解的工具。

第一种是建立"模型说明书"标准，让算法模型更加透明和可理解。这个标准相当于AI的"身份证"，记录了AI的基本信息和工作原理，让我们可以更好地理解它的决策过程。

第二种方法则是打造可解释性工具，推动构建可解释的AI模型（explainable artificial intelligence，XAI）[54]，使AI模型变得更加易于被理解和使用。这种方法是从技术层面上解决AI可解释性问题的，比如设计一些可解释性工具来帮助我们更好地理解AI系统。比如你用AI做翻译，它可能会用一些复杂的算法进行处理，但是XAI可以帮助我们直观地看到AI是如何处理这些翻译任务的（图6-6）。

年份	可解释性工具
2016	EL15
2017	Skater，Explanation Explorer，AllenNLP Interpret，TensorBoard
2019	AIX360，ACE，Captum
2020	alibi，InterpretML，LIT

图6-6 可解释性工具

（二）AI伦理：道德与法律

1. 先验之下的算法偏见

AIGC的出现给人类社会带来了巨大的效益，但是在使用的过程中，我们也要正视其中存在的伦理问题。例如，DALL-E 2这样的模型在生成图像时可能存在歧视。它给出的图像中，对种族和性别有非常明显的刻板印象。比如，当输入"怒汉"或者"人坐在牢房中"的文本时，DALL-E 2生成的图像几乎都是黑人。而当输入"CEO""建筑工工程师""律师"等文本时，它则会生成各种白人男性的形象，有的是正装、有的是工装，还有的穿着法袍。此外，当输入"空乘人员"时，DALL-E 2给出的几乎全是女性的形象。这些对种族和性别刻板印象的存在，不仅会引起公众对AIGC的质疑，还可能对人类社会造成不良的影响，对受到歧视的群体造成伤害。因此，我们需要加强对AIGC的伦理监管和技术完善，从根本上解决这些问题（图6-7）。

图6-7 算法偏见

2. 道高一尺，魔高一丈

随着AIGC技术的不断发展，其应用场景已经覆盖了众多领域，包括医疗、金融、交通、安全等。然而，随之而来的也是种种潜在的风险和挑战。例如，前文提到的AIGC算法偏见、数据安全泄露、深度伪造等问题，这些问题都需要及时得到解决。而针对这些问题，仅仅提高算法的成熟度是不够的，我们还需要在监管和治理方面下工夫，从政策和法律法规层面对AIGC进行规范和控制。只有通过健全的政策法规，才能确保AIGC的可控性，保障公众的安全和利益。因此，加强对AIGC的监管，健全相应的政策法规，是当前和未来发展AIGC技术的必然选择。

为此，国家互联网信息办公室、工业和信息化部、公安部联合发布《互联网信息服务深度合成管理规定》，此规定自2023年1月10日起施行。规定内容中明确了制定目的的依据、适用范围、部门职责和导向要求，明确了深度合成服务的一般规定，明确了深度合成数据和技术管理规范，明确了监督检查与法律责任，明确了相关用语的含义。

此外，可解释性的AIGC算法也可以帮助解决算法偏见的问题。例如，一个生成文本的算法可能会在其生成的文本中体现出性别、种族、文化等偏见，而可解释性的AIGC算法可以帮助发现并处理这些问题，从而使生成的文本内容更加公正和中立。

（三）AIGC+，创意无限

1. 商业模式变革

从微软和OpenAI的深化合作可以看出，随着人工智能的发展和应用，AIGC时代的商业模式也在逐渐发生变革。传统的商业模式已经不再适用，新的商业模式正逐渐崭露头角。一方面，随着数据的爆炸式增长，以数据为驱动的商业模式变得越来越流行。企业可以通过收集、分析和利用海量数据，实现精准营销、个性化服务和优化管理。另一方面，人工智能技术的发展，也带来了全新的商业机会和商业模式。例如，以人工智能为核心的智能客服、智能销售、智能制造等，都成为新的赛道。

AIGC会给商业模式带来什么变化呢？

一是能够改善客户体验，AIGC可用于创建身临其境的互动体验。例如，AIGC生成的虚拟助手可以向客户提供个性化的建议。AIGC可以满足特定客户的需求，例如，AIGC可生成个性化的广告，以符合观众的利益和受众统计。在未来，客户可能更加依赖人工智能系统来满足各种需求，比如搜索、购物、客服等。

从企业的角度来看，AIGC技术将会推动企业业务的自动化和智能化，许多传统的人工操作将会被自动化代替，企业能更加高效地运作。另外，AIGC将带来更快、更便宜的生成内容，企业可以创建以前负担不起的内容。

AIGC技术在商业上的影响不仅在于创造新的商业机会和商业模式，更重要的是它正在改变整个商业的生态系统。它改变了产品开发、生产制造、销售渠道、服务方式、客户关系等方方面面的模式，让商业变得更加智能、更加高效、更加人性化。随着人工智能的应用越来越广泛，我们相信商业的变革只会越来越深入，并带来越来越多的惊喜和变化。像ChatGPT这样的语言模型，在AIGC时代的商业模式变革中也将发挥重要的作用。作为一种智能问答系统，ChatGPT可以为企业提供更加智能化的客服和咨询服务。同时，ChatGPT还可以通过对用户数据的分析和挖掘，帮助企业更好地了解市场和消费者需求，优化产品设计和营销策略。

可以预见，随着AIGC时代的到来，商业模式的变革将会是不可逆转的趋势。企业必须积极探索和应对这种变化，不断创新和适应，才能在竞争激烈的市场中有立足之地。今后，AIGC技术将更多地被应用于如广告营销、内容创作、品牌推广等商业领域。

2. AIGC重塑教育，有利有弊

除了对商业模式的变革外，AIGC对教育也带来了一定的影响。在AIGC时代，教育行业将会更加注重个性化、多样化的学习体验。学生可以通过与ChatGPT等AIGC工具进行互动式学

习，以自己的方式来获取知识和技能。同时，AIGC系统还可以根据学生的学习进度和兴趣进行个性化的课程安排和学习反馈，让学习变得更加高效、更加有趣（图6-8）。

图6-8　AIGC重塑教育

AIGC技术在教育行业的应用可以极大地改变传统的教育方式和教学模式，为教育行业带来更为智能化的教育体系。例如，利用AIGC技术开发智能化的教学平台，能够根据学生的兴趣、知识水平、学习习惯等个性化信息，为学生提供个性化的学习资源和学习路线，让学生更加有效地学习。此外，可以利用AIGC技术开发教学辅助工具，如自动化评估系统、智能推荐系统等，能够大幅提升教育教学效率，减轻教师的教学负担，使教育资源得到更优化的利用。

但是AIGC对教育行业就像一把双刃剑，一方面，AIGC可以为教育行业带来前所未有的便利，像ChatGPT这样的语言模型可以作为"一位无私的辅导老师"，时刻为学生解答疑惑。另一方面，AIGC也有可能削弱学生自己思考的能力和独立思考的意愿，甚至可能让学生变成一名打字员而不是思考者，从而导致学生的创造性和独立思考的能力降低。当学生使用语言模型来完成作业时，他们可能会对模型的输出盲目相信，而不再自己思考和探索。AIGC虽然可以为教育行业带来个性化学习、智能教辅等创新，但也可能加剧教育资源的不平等、削弱人类教师的地位。

随着AIGC技术逐渐在教育行业应用，教育行业将迎来更大的变革和发展机遇。通过AIGC技术的应用，教育行业将迎来更多的智能化、个性化、场景化的教育资源，使学生能够更加自主地学习，提高学习效率和质量，促进教育行业的可持续发展。同时，AIGC技术的应用也将促进教育行业与其他领域的融合创新，为教育行业带来更多的商业机遇和市场前景。

在AI技术快速发展的背景下，新时代的教育，既需要完成传统教育领域的知识普及与思辨思维训练，还需要培养学生们的自主学习能力，提高其掌握新技术的能力，特别是以数学为基础的人工智能基础逻辑与理论，为未来的AIGC时代做充足的准备。

参 考 文 献

［1］ HINTON G E. Connectionist learning procedures ［J］. Artificial Intelligence, 1989, 40（1）: 185-234.

［2］ OPENAI. ChatGPT ［EB/OL］.［2023-6-20］. https://openai.com/chatgpt.

［3］ ROMBACH R, BLATTMANN A, LORENZ D, et al. High-resolution image synthesis with latent diffusion models ［C］ //2022 IEEE/CVF Conference on Computer Vision and Pattern Recognition（CVPR）. New Orleans: IEEE, 2022: 10674-10685.

［4］ RAMESH A, DHARIWAL P, NICHOL A, et al. Hierarchical text-conditional image generation with clip latents ［DB/OL］.（2022-4-13）［2023-6-20］. https://arxiv.org/abs/2204. 06125.

［5］ MCCULLOCH W S, PITTS W. A logical calculus of the ideas immanent in nervous activity ［J］. The bulletin of mathematical biophysics, 1943, 5（4）: 115-133.

［6］ ROSENBLATT F. The perceptron: A probabilistic model for information storage and organization in the brain ［J］. Psychological review, 1958, 65（6）: 386-408.

［7］ MINSKY M, PAPERT S A. Perceptrons: An introduction to computational geometry ［M］. Cambridge: MIT Press, 1969.

［8］ WERBOS P J. Beyond regression: New tools for prediction and analysis in the behavioral sciences ［D］. Cambridge: Harvard University, 1974.

［9］ RUMELHART D E, HINTON G E, WILLIAMS R J. Learning representations by back-propagating errors ［J］. Nature, 1986, 323（6088）: 533-536.

［10］ HINTON G E, OSINDERO S, TEH Y W. A fast learning algorithm for deep belief nets ［J］. Neural Comput, 2006, 18（7）: 1527-1554.

［11］ LECUN Y, BOTTOU L, BENGIO Y, et al. Gradient-based learning applied to document recognition ［J］. Proceedings of the IEEE,

1998, 86（11）：2278-2324.

［12］KRIZHEVSKY A, SUTSKEVER I, HINTON G E. ImageNet classification with deep convolutional neural networks［J］. Communications of the ACM, 2017, 60（6）：84-90.

［13］DEVLIN J, CHANG M W, LEE K, et al. BERT：Pre-training oof deep bidirectional transformers for language understanding［DB/OL］.（2019-5-24）［2023-6-20］. https://arxiv.org/abs/1810. 04805.

［14］RADFORD A, NARASIMHAN K, SALIMANS T, et al. Improving language understanding by generative pre-training［J/OL］.［2023-6-20］. https://www.semanticscholar.org/paper/Improving-Language-Understanding-by-Generative-Radford-Narasimhan/cd18800a0fe0b668a1cc19f2ec95b5003d0a5035.

［15］RADFORD A, WU J, CHILD R, et al. Language models are unsupervised multitask learners［J/OL］.［2023-6-20］. https://www.bibsonomy.org/bibtex/250f70e25430621b67b2f59acad8d42e1/lanteunis.

［16］BROWN T B, MANN B, RYDER N, et al. Language models are few-shot learners［C］//Proceedings of the International Conference on Neural Information Processing Systems（NIPS`20）. Vancouver：ACM, 2020：1877-1901.

［17］HO J, JAIN A, ABBEEL P. Denoising diffusion probabilistic models［DB/OL］.（2020-12-16）［2023-6-20］. https://arxiv.org/abs/2006. 11239.

［18］RAMESH A, PAVLOV M, GOH G, et al. Zero-Shot Text-Image generation［DB/OL］.（2021-2-26）［2023-6-20］. https://arxiv.org/abs/2102. 12092.

［19］WU C F, LIANG J, JI L, et al. NUWA：visual synthesis pre-training for neural visual world creation［DB/OL］.（2021-11-24）［2023-6-20］. https://arxiv.org/abs/2111.12417.

［20］MIKOLOV T, CHEN K, CORRADO G, et al. Efficient estimation of word representation in vector space［DB/OL］.（2013-9-7）［2023-6-20］. https://arxiv.org/abs/1301. 3781.

［21］PENNINGTON J, SOCHER R, MANNING C. GloVe：global vectors for word representation［C］//Proceedings of the 2014 conference on empirical methods in natural language processing（EMNLP）. Doha, Qatar：Association for Computational

Linguistics, 2014: 1532-1543.

[22] BOJANOWSKI P, GRAVE E, JOULIN A, et al. Enriching word vectors with subword information [J] . Transactions of the Association for Computational Linguistics, 2017, 5: 135-146.

[23] VASWANI A, SHAZEER N, PARMAR N, et al. Attention is all you need [C] //Proceedings of the 31th international conference on neural information processing systems. Long beach, California, USA: ACM, 2017: 6000-6010.

[24] KINGMA D P, WELLING M. Auto-encoding variational bayes [DB/OL] . (2022-12-10) [2023-6-20] . https://arxiv. org/abs/1312. 6114.

[25] GOODFELLOW I, POUGET-ABADIE J, MIRZA M, et al. Generative adversarial networks [J] . Communications of the ACM, 2020, 63 (11) : 139-144.

[26] SAHARIA C, CHAN W, SAXENA S, et al. Photorealistic Text-to-Image Diffusion Models with Deep Language Understanding [J] . Advances in Neural Information Processing System, 2022, 35: 26479-36494.

[27] BALAJI Y, NAH S, HUANG X, et al. eDiff-I: text-to-image diffusion models with an ensemble of expert denoisers [DB/OL] . (2023-3-14) [2023-6-20] . https://arxiv.org/abs/2211. 01324.

[28] ZHANG L M, RAO A Y, AGRAWALA M. adding conditional control to text-to-image diffusion models [DB/OL] . (2023-2-10) [2023-6-20] . https://arxiv.org/abs/2302.05543.

[29] SUTSKEVER I, VINYALS O, LE Q V. Sequence to sequence learning with neural networks [C] //Proceedings of the 27th International Conference on Neural Information Processing Systems. Montreal: MIT Press, 2014: 3104-3112.

[30] WANG Y Q, YAO Q M, KWOK J T, et al. Generalizing from a few examples: A survey on few-shot learning [J] . ACM Computing Surveys, 2022, 53 (3) : 1-34.

[31] KAELBLING L P, LITTMAN M L, MOORE A W. Reinforcement learning: a survey [J] . Journal of Artificial Intelligence Research, 1996, 4 (1) : 237-285.

[32] OUYANG L, WU J, XU J, et al. Training language models to

follow instructions with human feedback [J] . Advances in Neural Information Processing Systems, 2022, 35: 27730–27744.

[33] ARORA S, BATRA K, SINGH S. Dialogue system: a brief review [DB/OL] . (2013–6–18) [2023–6–20] . https://arxiv.org/abs/1306. 4134.

[34] LI J M. Multi–round Dialogue Intention Recognition Method for a Chatbot Baed on Deep Learning [C] // International Conference on Multimedia Technology and Enhanced Learning (ICMTEL 2022): Multimedia Technology and Enhance Learning. Cham: Springer, 2022: 561–572.

[35] HUTCHINS W J. Machine translation: a brief history [M] //Concise History of the language Science. Oxford, UK: Pergamon, 1995.

[36] EL–MASRI D, PETRILLO F, GUÉHÉNEUC Y, et al. A systematic literature review on automated log abstraction techniques [J] . Information and software technology, 2020, 122: 106276.

[37] BHATTACHARJEE S. Deep learning for voice cloning [D] . Stuttgart: University of Stuttgart, 2021.

[38] DUTOIT T. An introduction to text–to–speech synthesis [M] . Berlin: Springer Dordrecht, 1997.

[39] BRIOT J P, HADJERES G, PACHET F D. Deep learning techniques for music generation–a survey [DB/OL] . (2019–8–7) [2023–6–20] . https://arxiv.org/abs/1709. 01620.

[40] MORENCY L P, LIANG P P, ZADEH A. Tutorial on multimodal machine learning [C] //Proceeding of the 2022 conference of the North American chapter of the association for computational linguistics: human language technologies: tutorial abstract. Seattle: Association for Computational Linguistics, 2022: 33–38.

[41] HE X D, DENG L. Deep learning for image–to–text generation: a technical overview [J] . IEEE Signal Processing Magazine, 2017, 34 (6): 109–116.

[42] CHEN B Y, WANG W M, WANG J Z, et al. Video imagination from a single image with transformation generation [C] //Proceedings of the on thematic workshops of ACM multimedia 2017. Mountain view: ACM Press, 2017: 358–366.

[43] BAKKEN J P, USKOV V L, VARIDIREDDY N. Text–to–voice and

参考文献

voice-to-text software systems and students with disabilities: a research synthesis [J]. Smart Education and e-Learning, 2019: 511-524.

[44] BOMMASANI B, HUDSON D A, ADELI E, et al. On the opportunities and risks of foundation model [DB/OL]. (2022-7-12) [2023-6-20]. https://arxiv.org/abs/2108. 07258.

[45] WANG W H, BAO H B, DONG L, et al. Image as a foreign language: BEiT pretraining for all vision and vision-language tasks [DB/OL]. (2022-8-31) [2023-6-20].

[46] THOPPILAN R, FREITAS D D, HALL J, et al. LaMDA: language model for dialog applications [DB/OL]. (2022-2-10) [2023-6-20]. https://arxiv.org/abs/2201. 08239.

[47] AYDIN O. Google bard generated literature review: metaverse [J]. vailable at SSRN, 2023.

[48] SUN Y, WANG S H, LI Y K. ERNIE: enhanced representation through knowledge integration [DB/OL]. (2019-4-19) [2023-6-20]. https://arxiv.org/abs/1904.09223.

[49] WESTERLUND M. The emergence of Deepfake technology: a review [J]. Technology innovation management review, 2019, 9 (11): 39-52.

[50] GOODRICH B, RAO V, LIU P J, et al. Assessing the factual accuracy of generated text [C] //Proceedings of the 25th ACM SIGKDD international conference on knowledge discovery & data mining. Anchorage, AK, USA: ACM Press, 2019: 166-175.

[51] LEE N, PING W, XU P, et al. Factually enhanced language models for open-ended text generation [J]. Advances in neural information processing systems, 2022, 35: 34586-34599.

[52] GILPIN L H, BAU D, YUAN B Z, et al. Explaining explanations: an overview of interpretability of machine learning [C] //2018 IEEE 5th international conference on data science and advanced analytics (DSAA). Turing: IEEE Press, 2018: 80-89.

[53] UNESCO. Recommendation on the ethics of artificial intelligence [M]. Paris: UNESCO, 2022.

[54] GUNNING D, STEFIK M, CHOI J, et al. XAI-explainable artificial intelligence [J]. Science robotics, 2019, 4 (37): eaay7120.